河南省工程建设标准

河南省预拌混凝土质量管理标准

Standard for quality management of ready-mixed concrete in Henan province

DBJ41/T 287-2024

主编单位:河南省建筑科学研究院有限公司
批准单位:河南省住房和城乡建设厅
施行日期:2024 年 4 月 1 日

黄 河 水 利 出 版 社
· 郑 州 ·

图书在版编目(CIP)数据

河南省预拌混凝土质量管理标准/河南省建筑科学研究院有限公司主编.—郑州:黄河水利出版社,2024.3

ISBN 978-7-5509-3852-6

Ⅰ.①河… Ⅱ.①河… Ⅲ.①预搅拌混凝土-质量管理-标准-河南 Ⅳ.①TU528.520.7-65

中国国家版本馆 CIP 数据核字(2024)第 057867 号

出 版 社:黄河水利出版社

地址:河南省郑州市顺河路黄委会综合楼 14 层　邮政编码:450003

发行单位:黄河水利出版社

发行部电话:0371-66026940、66020550、66028024、66022620(传真)

E-mail:hhslcbs@ 126. com

承印单位:河南匠心印刷有限公司

开本:850 mm×1 168 mm　1/32

印张:5. 375

字数:135 千字

版次:2024 年 3 月第 1 版　　印次:2024 年 3 月第 1 次印刷

定价:49. 00 元

河南省住房和城乡建设厅文件

公告〔2024〕12号

河南省住房和城乡建设厅
关于发布工程建设标准
《河南省预拌混凝土质量管理标准》的公告

现批准《河南省预拌混凝土质量管理标准》为我省工程建设地方标准，编号为 DBJ41/T 287-2024，自2024年4月1日起在我省施行。

本标准在河南省住房和城乡建设厅门户网站（www.hnjs.gov.cn）公开，由河南省住房和城乡建设厅负责管理。

河南省住房和城乡建设厅

2024年2月20日

前　言

根据《河南省住房和城乡建设厅关于印发2021年工程建设标准编制计划的通知》(豫建科〔2021〕408号)的要求,标准编制组经广泛调查研究,认真总结实践经验,参考有关标准和政策,并在广泛征求意见的基础上,编制了本标准。

本标准主要技术内容包括:总则、术语、基本规定、生产企业质量管理体系、试验管理、原材料管理、混凝土性能要求、配合比设计与使用、设备管理、生产管理、供货与交货、浇筑成型与养护、技术资料管理和附录。

本标准由河南省住房和城乡建设厅负责管理,由河南省建筑科学研究院有限公司负责具体技术内容的解释。在执行过程中有何意见和建议,请寄送河南省建筑科学研究院有限公司(地址:郑州市金水区丰乐路4号,邮政编码:450053)。

主编单位:河南省建筑科学研究院有限公司

参编单位:河南省豫建建筑工程技术服务中心
郑州市建设工程质量安全技术监督中心
开封市建筑工程质量监督站
平顶山市建设工程质量技术站
新乡市建筑工程质量技术服务站
濮阳市建设工程质量监督站
许昌市建设工程质量监督站
商丘市建筑工程质量监督站
信阳市建设工程质量安全技术站
周口市建设工程质量安全技术监督中心
驻马店市房屋市政工程质量安全技术中心
河南省建科院工程检测有限公司

主要起草人： 薛　飞　郝树华　张　项　扈青素　孔　川
李光瑞　胡大顺　杜　沛　乔　倩　赵志忠
丁德发　王树德　张保民　彭　超　武　磊
吕振钢　张艳峰　王全红　朱松梅　王琳琳
翟洪兵　赵盼盼　郭为忠　李　鹏　刘　牧
赵瑞杰　李小颖　杨亚星　唐　瑶　崔建世
崔艳玲　杨绍林　赵　岩　高　轩　高　新
代浩哲　张新胜　郭文清　郑婷之　马志勇
高　娜　高　伟　潘麒骋　苗艳丽　陈东辉
张运峰　邵　华　高　辉

主要审查人： 张利萍　杨保昌　万欣娣　展　猛　王今华
刘山山　李建伟

目　次

1 总 则

1.0.1 为加强和规范预拌混凝土质量管理,统一预拌混凝土质量管理要求,提高预拌混凝土生产和应用管理水平,做到保证质量、节约资源、保护环境,制定本标准。

1.0.2 本标准适用于河南省房屋建筑和市政基础设施工程用预拌混凝土的质量管理。

1.0.3 预拌混凝土质量管理除应符合本标准的要求外,尚应符合国家、行业和河南省现行有关标准的规定。

2 术 语

2.0.1 预拌混凝土 ready-mixed concrete

在搅拌站(楼)生产、通过运输设备送至使用地点、交货时为拌合物的混凝土。

2.0.2 混合砂 mixed sand

由机制砂和天然砂按一定比例混合而成的砂。

2.0.3 质量管理体系 quality management system

指建立质量方针、质量目标并实现目标,且在质量方面指挥和控制组织的管理体系。

3 基本规定

3.0.1 预拌混凝土生产企业(简称生产企业)应建立质量管理体系,制定相应的质量管理制度。

3.0.2 生产企业的技术岗位人员应具备相应的知识和技能。

3.0.3 生产企业应具备原材料、混凝土性能的检验及混凝土配合比设计能力。

3.0.4 原材料进场后应按照国家现行有关标准、设计要求和合同约定进行复验,复验合格后方可使用。

3.0.5 预拌混凝土运输、输送、浇筑过程应符合《混凝土结构通用规范》GB 55008 的规定。

4 生产企业质量管理体系

4.1 一般规定

4.1.1 生产企业宜建立、实施和保持与其生产活动相适应的质量管理体系。

4.1.2 生产企业应制定质量方针和质量目标。

4.1.3 质量管理体系应覆盖生产活动全过程。

4.2 组织机构

4.2.1 生产企业应设置适宜质量管理体系运行的组织机构,明确机构职责和权限。

4.2.2 生产企业应配备满足生产活动所需的人员、设施、设备、系统及支持服务。

4.3 人 员

4.3.1 生产企业应建立人员管理制度。

4.3.2 生产企业应根据质量管理体系的要求及自身特点设立适宜质量管理体系运行的工作岗位。

4.3.3 生产企业应建立人员培训制度。明确人员培训需求、制定培训计划、确定培训目标、实施人员培训。培训计划应与当前任务和预期任务相适应。

4.4 场所、设施与设备

4.4.1 生产企业应有满足相关标准、规范及管理文件要求的场所。

4.4.2 生产企业应建立场所环境管理制度。

4.4.3 生产企业应配备满足生产、原材料及混凝土试验、环境保护等要求的设施与设备。

4.4.4 生产企业应建立设施与设备管理制度。

4.5 质量管理体系运行

4.5.1 生产企业宜制定质量管理手册、程序文件、作业指导书和记录表格。

4.5.2 生产企业宜根据工作需要和相应管理规定开展内部审核和管理评审。

4.5.3 生产企业质量管理体系运行情况应做好记录并保存。

5 试验管理

5.1 一般规定

5.1.1 生产企业应按照国家现行标准、规定开展试验工作。

5.1.2 生产企业应对试验工作实施监督管理。

5.1.3 试验工作应包含定期按照相关标准要求对预拌混凝土强度进行数理统计、评定。

5.1.4 试验项目增项或标准更新时,应对人员技能、方法、设备、环境条件等进行有效确认。

5.1.5 试验过程资料应完整、真实、可追溯。

5.2 试验人员

5.2.1 试验人员应具备相应技术能力。

5.2.2 试验人员数量应符合相关规定,并满足实际工作需求。

5.2.3 试验人员应根据工作需要进行相关培训。

5.3 试验设备

5.3.1 生产企业应配备试验工作需要的试验设备及相应辅助工具、试验耗材。

5.3.2 生产企业应制定检定或校准计划。试验设备的检定或校准应委托具有相应资质的计量机构进行。

5.3.3 大型的、复杂的试验设备应编制操作规程。对试验结果有影响的试验设备,应填写设备使用记录。

5.4 试验场所与环境

5.4.1 试验场所应根据需要合理布局。

5.4.2 试验工作场所的温度、湿度等环境条件应满足相应试验方法标准的要求。

5.4.3 试验场所应有安全操作措施,并合理配备相应应急器材。

5.4.4 留样室应清洁、干燥、安全,满足样品的长期存储需求。

5.5 样品管理

5.5.1 原材料、混凝土的取样方法、频次和数量应符合相应国家现行标准的要求。

5.5.2 混凝土拌合物应在搅拌地点取样,取样量不少于试验所需量的1.5倍且不少于20 L。

5.5.3 样品应具有清晰的、不易脱落的唯一性标识。

5.5.4 胶凝材料、外加剂样品应按照相关标准要求留样,并应符合下列规定:

1 留样数量、留样期限应符合相应标准规定;

2 封存样品应在醒目位置粘贴留样信息标识;

3 样品留置及处理应做好记录。

5.6 试验操作

5.6.1 试验前准备应包含以下内容:

1 确认试验项目、试验依据;

2 将试验环境调至试验规定的要求状态,核查试验所需的相应配置是否符合要求;

3 对试样的编号、状态、数量及标识等进行核对;

4 核查试验设备,确认其符合试验要求且运行正常。

5.6.2 试验人员除应按国家现行标准操作外,尚应符合下列规定:

1 真实、规范记录原始数据;

2 记录环境条件和设备运行状况;

3　试验异常时,应立即停止试验,做好记录并报告。

5.6.3　试验完成后应及时对试验环境、设备进行清洁和保养。

5.7　试验记录

5.7.1　试验原始记录应包含以下内容:

1　样品名称及试验编号;

2　样品编号、规格型号及状态,取样地点及时间;

3　试验项目及标准依据;

4　试验环境监测数据,主要仪器设备名称、编号及运行状况;

5　试验测试数据、计算及其他需注明的内容;

6　试验日期,试验人员、复核人员的签名。

5.7.2　原始记录应使用签字笔准确填写或试验仪器即时打印。如确因笔误需更正,应由原记录人进行杠改,并在杠改处由原记录人签名或加盖印章。

5.8　试验报告

5.8.1　试验完成后应及时出具试验报告。

5.8.2　试验报告编号应按年度连续编号。

5.8.3　试验报告应包含以下内容:

1　报告名称、报告编号、抽样日期、试验日期及报告日期;

2　样品名称、生产单位、品种规格、等级、出厂编号等;

3　样品的特性状态、代表批量等;

4　试验依据标准及判定标准;

5　试验项目、技术指标、试验结果值及试验结论;

6　必要的试验说明;

7　试验人、审核人、批准人签名。

5.9 试验台账

5.9.1 试验工作应根据管理规定、工作程序及相关原始凭证，按试验类别、时间顺序建立试验台账。

5.9.2 试验台账应及时填写，定期归档。

5.9.3 试验台账分类及主要内容应符合表 5.9.3 的规定。

表 5.9.3 试验台账分类及主要内容

<table>
<tr><th>序号</th><th colspan="2">类别</th><th>主要内容</th></tr>
<tr><td>1</td><td colspan="2">原材料试验台账</td><td>材料名称、生产厂家、品种、等级/规格、出厂编号、取样时间、代表批量、报告编号、试验结果等</td></tr>
<tr><td>2</td><td colspan="2">配合比设计验证台账</td><td>材料名称及试验编号、配合比设计编号、试配或验证编号、试配或验证日期、试配或验证结果等</td></tr>
<tr><td rowspan="2">3</td><td rowspan="2">产品试验台账</td><td>预拌混凝土</td><td>名称、品种、等级/规格、样品编号、试验报告编号、试验日期、试验结果等</td></tr>
<tr><td>混凝土抗压强度统计分析</td><td>强度等级、统计期间、组数、各组强度代表值、评定方法及结果、统计分析等</td></tr>
<tr><td>4</td><td colspan="2">留样样品登记台账</td><td>样品名称及编号、合格证编号、取样日期、留样日期、处理日期、管理人等</td></tr>
</table>

续表 5.9.3

序号	类别	主要内容
5	不合格品台账	不合格品名称、品种、等级/规格、生产厂家、试验信息、处理方式、处理日期、处理人等
6	仪器设备使用及维护台账	设备名称、规格型号、设备编号、使用日期、运行状况、维护内容、使用/维护人等
7	产品质量证明文件登记台账	文件名称及编号、产品名称及编号、试验报告编号、用货单位、应用工程及部位、生产批次、出厂日期等

5.10 试验结果质量控制

5.10.1 生产企业应建立试验结果质量控制制度。

5.10.2 当采用机构间比对时,应与具备相应试验能力的第三方检测机构进行。

5.10.3 每年开展试验结果质量控制的频次应与其试验工作量相适应。

6 原材料管理

6.1 一般规定

6.1.1 用于生产预拌混凝土的原材料须符合国家相关标准的规定,应根据设计、施工要求和工程特点选用合适的原材料。严禁使用国家明令禁止的材料生产预拌混凝土。

6.1.2 生产企业应建立原材料管理制度,严格执行原材料进场验收制度,建立原材料进场台账和不合格原材料处置台账,严格控制不合格原材料进场。原材料进场时,应查验质量证明文件。质量证明文件应包括型式检验报告、出厂检验报告与合格证等,外加剂产品还应提供使用说明书。

6.1.3 原材料的检验批量划分和进场检验项目应符合《预拌混凝土》GB/T 14902 的规定。原材料进场检验应由生产企业完成,当生产企业不具备某项检测能力时,应委托具有资质的第三方检测机构进行。

6.1.4 生产企业应采取有效措施防止原材料变质、混料。胶凝材料、外加剂储存应当避免受潮、污染;骨料堆场地面应硬化并有控尘、遮雨设施。

6.1.5 原材料应根据品种、厂家和规格等级分仓储存。原材料标识应注明品名、厂家或产地、生产日期或进场日期、规格或等级、检验状态及结果等信息。

6.2 水　泥

6.2.1 预拌混凝土用水泥应符合《通用硅酸盐水泥》GB 175、《中热硅酸盐水泥、低热硅酸盐水泥》GB/T 200、《道路硅酸盐水泥》GB/T 13693 等相关产品标准的规定。

6.2.2 应根据预拌混凝土的设计、施工要求以及工程所处环境选用适宜的水泥品种。

6.2.3 用于生产预拌混凝土的水泥温度不宜高于 60 ℃。水泥出厂超过 3 个月(快硬水泥 1 个月)应进行复试检验,并按复试检验结果使用。

6.2.4 水泥进场复试检验项目应符合《预拌混凝土》GB/T 14902 的规定。

6.3 细骨料

6.3.1 细骨料的性能指标应符合《普通混凝土用砂、石质量及检验方法标准》JGJ 52 及其他相关标准的规定。

6.3.2 预拌混凝土用细骨料,宜选用级配良好、质地坚硬、颗粒洁净的天然砂或机制砂。当采用混合砂时,混合砂的混合比例应经试验确定。

6.3.3 细骨料进场复试检验项目应符合《预拌混凝土》GB/T 14902 的规定。

6.3.4 采用再生细骨料生产预拌混凝土时,其质量应符合《混凝土和砂浆用再生细骨料》GB/T 25176 的规定。

6.4 粗骨料

6.4.1 粗骨料应符合《普通混凝土用砂、石质量及检验方法标准》JGJ 52 及其他相关标准的规定。

6.4.2 预拌混凝土用粗骨料,宜选用粒形良好、质地坚硬的洁净碎石或卵石。粗骨料宜选用二级配或多级配。

6.4.3 粗骨料的进场复试检验项目应符合《预拌混凝土》GB/T 14902 的规定。

6.4.4 采用再生粗骨料生产预拌混凝土时,其质量应符合《混凝土用再生粗骨料》GB/T 25177 的规定。

6.5 矿物掺合料

6.5.1 预拌混凝土中可掺用的矿物掺合料有粉煤灰、粒化高炉矿渣粉、硅灰、钢渣粉、石灰石粉、磷渣粉、复合矿物掺合料等，可采用两种或两种以上的矿物掺合料混合使用。

6.5.2 粉煤灰应符合《用于水泥和混凝土中的粉煤灰》GB/T 1596 的规定。粒化高炉矿渣粉应符合《用于水泥、砂浆和混凝土中的粒化高炉矿渣粉》GB/T 18046 的规定。硅灰应符合《砂浆和混凝土用硅灰》GB/T 27690 的规定。其他矿物掺合料应符合相应国家现行标准的要求。

对于高强混凝土或有抗冻、抗渗、抗腐蚀、耐磨及其他特殊要求的混凝土，不宜采用低于Ⅱ级的粉煤灰；Ⅲ级粉煤灰不得用于结构工程。耐久性设计值大于或等于 50 年的混凝土结构不得采用 C 类粉煤灰。高强混凝土和有耐腐蚀要求的混凝土不宜采用二氧化硅含量小于 90%的硅灰。

当使用无相应标准的矿物掺合料时，须有充足的技术依据，且应在使用前进行试验验证。

6.5.3 掺矿物掺合料的混凝土，宜采用硅酸盐水泥和普通硅酸盐水泥。当采用其他品种水泥时，应根据水泥中混合材的品种和掺量，通过试验确定混凝土中矿物掺合料的掺量。矿物掺合料的掺量应符合《普通混凝土配合比设计规程》JGJ 55 或相关标准的规定，并经试验确定。

6.5.4 矿物掺合料的进场复试检验项目应符合《预拌混凝土》GB/T 14902 的规定。

6.6 外加剂

6.6.1 减水剂、引气剂、泵送剂、早强剂、缓凝剂等外加剂应符合《混凝土外加剂》GB 8076 的规定；防冻剂应符合《混凝土防冻剂》

JC 475 的规定；膨胀剂应符合《混凝土膨胀剂》GB/T 23439 的规定；其他外加剂应满足相应国家现行标准的要求。

6.6.2 外加剂使用前应进行原材料相容性试验并符合《混凝土外加剂应用技术规范》GB 50119 的规定。

6.6.3 外加剂进场复试检验项目应符合《预拌混凝土》GB/T 14902 的规定。

6.6.4 引气剂宜采用独立的计量系统。

6.7 水

6.7.1 混凝土拌合用水应符合《混凝土用水标准》JGJ 63 的规定。

6.7.2 混凝土拌合用水复试检验项目应符合《预拌混凝土》GB/T 14902 的规定。

6.7.3 废水废浆回收水再利用时，应考虑水中残留物对预拌混凝土性能的影响，并经试验确定；在利用回收水时应经专用通道和计量装置输入搅拌主机，并应在生产中平均使用。

6.7.4 当骨料具有碱活性时，混凝土用水不得采用废水废浆回收水。

6.8 纤　维

6.8.1 预拌混凝土用纤维应符合《纤维混凝土应用技术规程》JGJ/T 221 的规定。

6.8.2 纤维进场复试检验项目应符合《预拌混凝土》GB/T 14902 的规定。

7 混凝土性能要求

7.1 分类与性能等级

7.1.1 预拌混凝土应按其性能进行分类，并符合《预拌混凝土》GB/T 14902 的规定。

7.1.2 预拌混凝土性能等级划分应符合《预拌混凝土》GB/T 14902 的规定。

7.2 拌合物性能

7.2.1 混凝土拌合物性能应满足设计和施工要求。拌合物性能试验方法应符合《普通混凝土拌合物性能试验方法标准》GB/T 50080 的有关规定；坍落度经时损失试验方法应符合《混凝土质量控制标准》GB 50164 附录 A 的规定。

7.2.2 混凝土拌合物的稠度应采用坍落度或扩展度表示，其实测值与控制目标值的允许偏差应符合《混凝土质量控制标准》GB 50164 的规定。

7.2.3 混凝土拌合物应在满足施工要求的前提下，尽可能采用较小的坍落度，且不得离析或泌水。

7.2.4 用于主体结构的预拌混凝土中水溶性氯离子最大含量不应超过《混凝土结构通用规范》GB 55008 的规定值。混凝土拌合物中水溶性氯离子含量应按《混凝土中氯离子含量检测技术规程》JGJ/T 322 执行。

7.2.5 掺用引气剂或引气型外加剂的混凝土拌合物的含气量应符合《混凝土质量控制标准》GB 50164 的规定。

7.2.6 使用在特定部位或环境的预拌混凝土特制品拌合物性能尚应符合相应国家现行标准的要求。

7.3 力学性能

7.3.1 混凝土的力学性能应满足设计和施工的要求。混凝土力学性能试验方法应符合《混凝土物理力学性能试验方法标准》GB/T 50081的有关规定。

7.3.2 混凝土力学性能主要以混凝土立方体抗压强度表征。当采用其他力学性能指标表征混凝土力学性能时,其强度等级划分及要求应符合相关标准要求。

7.3.3 混凝土抗压强度检验规则应符合《预拌混凝土》GB/T 14902的规定。

7.3.4 混凝土强度检验评定应符合《混凝土强度检验评定标准》GB/T 50107的有关规定。

7.4 长期性能和耐久性能

7.4.1 混凝土的长期性能和耐久性能应满足设计要求。混凝土的长期性能和耐久性能试验方法应符合《普通混凝土长期性能和耐久性能试验方法标准》GB/T 50082的有关规定。

7.4.2 混凝土抗冻性能、抗水渗透性能、抗硫酸盐侵蚀性能、抗氯离子渗透性能、抗碳化性能、早期抗裂性能等应符合《混凝土质量控制标准》GB 50164及相关国家现行标准的规定。

7.4.3 混凝土耐久性能检验评定应符合《混凝土耐久性检验评定标准》JGJ/T 193的有关规定。

8 配合比设计与使用

8.1 一般规定

8.1.1 混凝土配合比应满足混凝土配制强度及其他力学性能、拌合物性能、长期性能和耐久性能设计要求及合同约定。

8.1.2 混凝土配合比设计应有完整的计算、试配、调整记录。

8.2 配合比设计

8.2.1 预拌混凝土的配合比设计应根据混凝土原材料性能、设计强度等级、耐久性、环境条件以及施工工艺的要求，按《普通混凝土配合比设计规程》JGJ 55 执行。特殊性能混凝土配合比设计应符合相应国家现行标准的规定。

8.2.2 生产企业可采用系列配合比设计方法进行普通混凝土配合比设计与试配，并确定系列配合比备用。

8.2.3 混凝土配制强度应根据生产管理水平及强度统计结果确定，并保证实际生产的混凝土强度符合《混凝土强度检验评定标准》GB/T 50107 的规定。

8.2.4 混凝土配合比设计应对混凝土的工作性能、力学性能及长期性能和耐久性能进行验证。

8.3 配合比使用

8.3.1 备用配合比使用时，应进行试配并验证其相关性能。

8.3.2 配合比在使用过程中，应根据原材料情况及混凝土质量检验的结果予以调整，配合比调整应经试验验证。

8.3.3 对首次使用、使用间隔时间超过 3 个月的配合比应进行开盘鉴定，开盘鉴定合格后方可生产；必要时，建设、施工及监理等单位技术人员应参加开盘鉴定。开盘鉴定应符合下列规定：

1 生产使用的原材料应与配合比设计一致；

2 混凝土拌合物性能应满足施工要求；

3 混凝土力学性能应符合设计要求；

4 混凝土长期性能和耐久性能应符合设计要求。

9 设备管理

9.1 一般规定

9.1.1 生产企业应建立设备管理制度。设备档案宜为一机一档。

9.1.2 生产企业应定期对设备进行检查保养。对计量有要求的仪器设备应按照相应要求检定或校准。

9.1.3 用于生产预拌混凝土的原材料仓、罐容量应与生产能力相匹配。储料仓、罐应标识清晰,并有相应的防尘、防漏、防渗和防腐蚀等措施。

9.1.4 粉料筒、仓应安装料位显示装置。

9.2 混凝土生产设备

9.2.1 预拌混凝土生产用搅拌机形式应为强制式,并符合《建筑施工机械与设备　混凝土搅拌机》GB/T 9142 和《建筑施工机械与设备　混凝土搅拌站(楼)》GB/T 10171 的规定。

9.2.2 预拌混凝土搅拌系统应采用计算机控制,并与企业计算机管理系统连接。

9.2.3 原材料计量应选用电子类计量设备,采用计算机自动控制。

9.2.4 生产计量设备管理应符合《预拌混凝土》GB/T 14902 的规定。

9.2.5 预拌混凝土生产主机宜配置退(剩)废弃新拌混凝土清洗、回收设施。废水废浆回收利用应通过专用管道进入生产系统。

9.3 混凝土运输车

9.3.1 预拌混凝土运输车应符合《混凝土搅拌运输车》GB/T

26408的规定。

9.3.2 预拌混凝土运输车应安装卫星定位系统。

9.3.3 预拌混凝土运输车应保持清洁,罐内外黏结的残留混凝土应及时清理,罐体内搅拌叶片应及时更换。

9.4 泵送设备

9.4.1 预拌混凝土泵送设备应符合《混凝土泵》GB/T 13333和《混凝土泵送施工技术规程》JGJ/T 10的规定。

9.4.2 混凝土输送管应符合《无缝钢管尺寸、外形、重量及允许偏差》GB/T 17395的有关规定。输送管规格应根据粗骨料最大粒径、混凝土输送量、输送距离以及混凝土拌合物性能等合理选定,并符合相应国家现行标准的规定。

9.4.3 混凝土输送管接头应具有足够强度,密封结构严密可靠,并便于快速装拆。

10 生产管理

10.1 一般要求

10.1.1 生产企业的合同签订、原材料采购与管理、生产调度、试验管理及质量管理等全过程活动宜使用信息化管理系统。

10.1.2 实际生产配合比及所用原材料应与配合比设计一致。

10.1.3 骨料含水率采用自动测定装置时,应定期校准。含水率非自动测定的,每工作班抽测砂、石含水率不应少于1次。

10.1.4 每班首盘生产的混凝土应对其拌合物工作性进行检查。

10.1.5 生产、运输过程中产生的废料应合理利用或做无害化处理。

10.2 计　量

10.2.1 生产预拌混凝土用原材料应按质量进行计量。

10.2.2 计量允许偏差应符合《预拌混凝土》GB/T 14902 的规定。

10.3 搅　拌

10.3.1 混凝土拌合物应搅拌均匀;同一盘混凝土的搅拌匀质性应符合《混凝土质量控制标准》GB 50164 的规定。

10.3.2 预拌混凝土搅拌时间应符合《预拌混凝土》GB/T 14902 的规定。

10.3.3 冬期施工搅拌混凝土时,宜优先采用加热水的方法提高拌合物温度,也可同时采用加热骨料的方法提高拌合物温度。拌合用水和骨料的最高加热温度应符合《混凝土质量控制标准》GB 50164 的规定。

10.4 出厂检验

10.4.1 生产企业应对预拌混凝土进行出厂检验。

10.4.2 出厂检验应在搅拌地点取样,混凝土抗压强度试验每100盘相同配合比混凝土取样不应少于1次,每工作班相同配合比混凝土达不到100盘时应按100盘计,每次取样应至少进行1组试验。

10.4.3 混凝土坍落度检验的取样频率应与强度检验相同。

10.4.4 同一配合比混凝土拌合物中的水溶性氯离子含量检验应至少取样检验1次。

10.4.5 混凝土的含气量、扩展度及其他项目检验的取样频率应符合国家现行相关标准的规定。

10.4.6 混凝土耐久性能检验的取样频率应符合《混凝土耐久性检验评定标准》JGJ/T 193的规定。

11 供货与交货

11.1 一般规定

11.1.1 在预拌混凝土供应前,供需双方应签订书面合同。当需方指定配合比或原材料时,应在合同中明确双方的责任。

11.1.2 供方应按分部工程和合同约定及时向需方提供预拌混凝土出厂合格证。

11.1.3 预拌混凝土生产、运输过程的质量管理由供方负责,交货验收后的质量管理由需方负责。

11.1.4 需方应对交货的预拌混凝土进行取样,制备用于交货检验的混凝土试件。

11.1.5 预拌混凝土的交货检验应在监理单位或建设单位的见证下进行。

11.2 供　货

11.2.1 需方应在预拌混凝土使用前向供方报送供货通知,供方依据供货通知安排生产与供应。

11.2.2 供货通知应以双方约定的方式传送,内容应至少包括施工单位、工程名称、浇筑部位、浇筑方式、混凝土标记、混凝土标记以外的技术要求、供货起止时间、供货量、交货地点、联系人等。

11.3 运　输

11.3.1 运输车在装料前应排尽搅拌罐内的积水、残留浆液和杂物。

11.3.2 预拌混凝土运输应保证混凝土浇筑的连续性。

11.3.3 运输车辆应在醒目位置放置强度等级标识牌。运送过程中应避免混凝土离析、分层。在运输途中及等候卸料时,应保持罐体正常运转,不得停转。

11.3.4 预拌混凝土自搅拌机卸出至送达施工现场应在 90 min 内完成;如 90 min 内无法完成运送,则应采取有效技术措施保持混凝土拌合物性能。

11.3.5 因运输距离、等待时间、气温等引起混凝土拌合物坍落度损失较大时,可在运输车罐内加入适量与配合比相同成分的减水剂。减水剂掺量应事先由试验确定,加入减水剂后,运输车罐体应快速旋转使混凝土均匀,该过程应做好记录。

11.3.6 寒冷或炎热天气,运输车搅拌罐应有保温或隔热措施。雨天运输时应采取措施防止雨水进入搅拌罐内。

11.4 交货验收

11.4.1 预拌混凝土运至交货地点后,供方应随车向需方提供预拌混凝土发货单。

11.4.2 需方应对运至现场的预拌混凝土及时验收。交货检验用样品应在混凝土交货地点随机抽取,交货检验项目和取样频次应符合《预拌混凝土》GB/T 14902 的规定及合同约定。

11.4.3 当设计有抗冻性能、抗水渗透性能、抗氯离子渗透性能、抗碳化性能、抗硫酸盐侵蚀性能和早期抗裂性能等耐久性要求时,同一工程、同一配合比的混凝土,检验批不应少于 1 个;同一检验批设计要求的各个检验项目应至少完成 1 组试验。

11.4.4 交货检验的结果判定应按《预拌混凝土》GB/T 14902 及供需双方的合同约定进行。交货检验的试验结果应在试验完成后 10 d 内通知供方。

11.4.5 预拌混凝土质量验收应以交货检验结果作为依据。

12 浇筑成型与养护

12.1 一般规定

12.1.1 预拌混凝土的施工应符合《混凝土结构工程施工规范》GB 50666 及相关标准的规定，合理安排浇筑过程，避免混凝土浪费以及对环境造成影响。

12.1.2 混凝土浇筑后，施工单位应及时进行自检，其质量应不低于《混凝土结构工程施工质量验收规范》GB 50204 的有关规定。

12.1.3 施工现场制作用于交工验收的混凝土试件应具有真实性、代表性。混凝土试件的取样方法、取样地点、取样数量、养护条件、试验龄期应符合《混凝土结构工程施工质量验收规范》GB 50204 的规定；混凝土试件的制作要求和试验方法应符合《混凝土物理力学性能试验方法标准》GB/T 50081 等的规定。

12.1.4 用于交工验收的预拌混凝土质量检测应由建设单位委托具有相应资质的检测机构进行，建设单位或者监理单位应对取样、送样、检测等过程进行见证和监督。

12.1.5 混凝土结构实体质量，应由施工单位负责。

12.2 浇筑成型

12.2.1 浇筑混凝土前，应清除模板内以及垫层上的杂物。表面干燥的地基土、垫层、模板应洒水湿润。

12.2.2 炎热天气时，混凝土拌合物入模温度不应高于 35 ℃。当施工现场温度高于 35 ℃时，应对金属模板洒水降温，但浇筑时模板内不得有积水。

12.2.3 冬期施工时，混凝土拌合物入模温度不应低于 5 ℃。

12.2.4 预拌混凝土振捣操作应符合《混凝土结构工程施工规

范》GB 50666 的规定。振捣应能使模板内各个部位混凝土密实、均匀,不应漏振、欠振、过振。

12.2.5 混凝土浇筑的同时,应制作供结构或构件拆模、吊装、张拉、放张和强度合格评定用的同条件养护试块。同条件养护试块应与实体结构部位养护条件相同,并采取措施妥善保管。

12.2.6 混凝土浇筑后,应在混凝土初凝前和终凝前分别对混凝土裸露表面进行抹面处理。

12.3 养 护

12.3.1 混凝土浇筑后应及时进行保湿养护,保湿养护可采用洒水、覆盖、喷涂养护剂等方式。养护制度和方式应根据现场条件、环境温湿度、构件特点、技术要求和施工操作等因素确定。

12.3.2 混凝土养护时间应符合设计及《混凝土结构工程施工规范》GB 50666 的规定。

12.3.3 混凝土强度达到 1.2 MPa 前,不得在构件上面踩踏、堆放物料、安装模板和支架。

12.3.4 大体积混凝土施工时,应对混凝土进行温度控制。大体积混凝土的养护管理应符合《混凝土结构工程施工规范》GB 50666 及相关国家现行标准的规定。

13 技术资料管理

13.1 一般规定

13.1.1 技术资料内容填写应真实、准确,不得随意修改。技术资料格式可采用本标准附录所示的表格,内容应真实、准确。本标准未规定的,企业可根据需求自行制定。

13.1.2 技术资料应按类别分类管理。

13.1.3 技术资料档案电子文件应与相应的纸质文件材料一并归档保存。

13.1.4 技术资料档案保管期限应符合相关标准的规定。

13.1.5 保存期满的技术资料档案销毁应符合国家现行标准及相关规定的要求。

13.2 分类与编号

13.2.1 技术资料分为以下几类:合同管理资料、原材料管理资料、试验管理资料、产品质量管理资料、产品交货质量管理资料、人员管理资料、仪器设备管理资料、生产管理资料、环保管理资料。

13.2.2 技术资料应按年度连续编号。

13.3 建档与归档

13.3.1 建档应保持卷内文件的完整性和关联性,便于档案的保管和使用。建档文件应包括封面、目录、资料和封底。

13.3.2 建档方法应符合以下规定:

1 合同管理资料按不同工程项目单独建档;

2 原材料管理资料按不同种类单独建档;

3 试验管理资料按不同材料种类和试验项目单独建档;

4　产品质量管理资料按文件名称单独建档；

5　产品交货质量管理资料按不同单位工程单独建档；

6　人员管理资料按一人一档建档；

7　仪器设备管理资料按不同设备单独建档；

8　生产管理资料按不同文件名称单独建档；

9　环保管理资料按不同文件名称单独建档。

13.3.3　技术资料格式应符合以下规定：

1　试验管理资料的格式宜符合附录A的规定；

2　原材料管理资料的格式宜符合附录B的规定；

3　产品交货质量管理资料的格式宜符合附录C的规定；

4　人员管理资料的格式宜符合附录D的规定；

5　仪器设备管理资料的格式宜符合附录E的规定；

6　生产管理资料的格式宜符合附录F的规定。

13.3.4　技术资料归档应符合以下规定：

1　合同管理资料应包括供需合同评审表、合同台账；

2　原材料管理资料应包括预拌混凝土原材料性能检验要求、水泥进场验收记录台账、细骨料进场验收记录台账、粗骨料进场验收记录台账、粉煤灰进场验收记录台账、矿渣粉进场验收记录台账、外加剂进场验收记录台账、委托试验报告台账、原材料留样及处置记录、原材料不合格品处置记录；

3　试验管理资料应包括骨料含水率试验记录、水泥试验报告、水泥试验原始记录、细骨料试验报告、细骨料试验原始记录、粗骨料试验报告、粗骨料试验原始记录、粉煤灰试验报告、粉煤灰试验原始记录、矿渣粉试验报告、矿渣粉试验原始记录、混凝土外加剂性能试验报告、混凝土外加剂性能试验原始记录、混凝土配合比试配/验证原始记录、混凝土配合比台账、混凝土配合比通知单及调整记录、混凝土出厂取样检验记录、混凝土抗压强度试验报告、混凝土抗压强度试验原始记录、混凝土抗渗性能试验报告、混凝土抗渗性能试验原始记录、混凝土标准养护室温湿度记录表、水泥标准养护箱温湿度记录表、混凝土标准养护试块出入库台账；

4 产品质量管理资料应包括搅拌楼生产计量器具自校记录表、质量控制员班（交接班）记录表、产品生产计量误差记录表、产品生产搅拌时间记录表、搅拌车过磅抽检记录表；

5 产品交货质量管理资料应包括开盘鉴定、混凝土出厂合格证发放记录台账、预拌混凝土发货单、预拌混凝土出厂合格证、预拌混凝土交货检验记录、不合格混凝土处置单、混凝土强度统计及评定表；

6 人员管理资料应包括人员履历表、人员培训计划、人员培训实施及考核验证记录；

7 仪器设备管理资料应包括仪器设备一览表、仪器设备使用记录、仪器设备档案卷目录、仪器设备履历表、仪器设备周期检定或校准计划表、仪器设备进场验收记录、仪器设备保养记录、仪器设备维修记录、仪器设备停用降级报废记录、搅拌车或泵车保养记录、搅拌车或泵车清洁卫生检查记录、搅拌车或泵车维修记录；

8 生产管理资料应包括生产安全检查记录、突发事件处理记录、厂区主要危险源识别及危险有害因素分析记录；

9 环保管理资料应包括环保评审资料台账、环保设备一览表、环保设备运行记录、污水处理记录、废弃混凝土处理记录等。

附录 A　试验管理资料表格

表 A.1　混凝土配合比设计表(一)

设计等级			设计编号	
设计稠度		坍落度：　　mm;扩展度：　　mm	试配日期	
试验环境		温度：　　℃；湿度：　　%	搅拌方法	
主要仪器	状态	使用前：　　　　;使用后：	成型方法	
	名称	1 kg 天平、100 kg 电子台秤、60 L 混凝土搅拌机、坍落度筒、振动台、5 L 容量筒、2 000 kN 压力机等		
设计依据		JGJ 55、GB/T 50080、GB/T 50081		
适用部位				

续表 A.1

一、组成材料						
材料名称		种类	厂家或产地	规格型号	试验编号	备注
水						
水泥						
粉煤灰						
矿粉						
细骨料	①					占　　%
	②					占　　%
粗骨料	①					占　　%
	②					占　　%
外加剂	①					
	②					

续表 A.1

二、计算理论配合比

1. 确定试配强度（$f_{cu,0}$）：

$f_{cu,0} = f_{cu,k} + 1.645\sigma$ = ______ MPa

注：σ = ______ MPa

2. 计算水胶比（强度等级小于 C60 时）：

$$W/B = \frac{\alpha_a f_b}{f_{cu,0} + \alpha_a \alpha_b f_b}$$

$$= \frac{0.53 \times \_\_\_\_\_\_}{\_\_\_\_\_\_ + 0.53 \times 0.20 \times \_\_\_\_\_\_} = \_\_\_\_\_\_$$

结合：《混凝土结构耐久性设计标准》GB/T 50476要求，W/B 取：________。

注：f_b 值是通过以下计算获得的。

①水泥 28 d 胶砂抗压强度值的计算：

$f_{ce} = \gamma_c f_{ce,g} = 1.16 \times 42.5 = 49.3$（MPa）

②胶凝材料 28 d 胶砂抗压强度值的计算：

$f_b = \gamma_f \gamma_s f_{ce}$ = ____ × ____ × 49.3 = ____（MPa）

3. 确定用水量（m_{w0}）：

$m_{w0} = m'_{w0}(1-\beta)$ = ________ kg/m^3

4. 计算胶凝材料用量（m_{b0}）：

$m_{b0} = \dfrac{m_{w0}}{W/B}$ = ______ kg/m^3

5. 计算粉煤灰（m_{f0}）用量，其掺量：________%，得：

$m_{f0} = m_{b0} \times$ ______ = ______ kg/m^3

6. 计算矿粉（m_{k0}）用量，其掺量为：________%，得：

$m_{k0} = m_{b0} \times$ ______ = ______ kg/m^3

7. 计算水泥用量（m_{c0}）：

$m_{c0} = m_{b0} - m_{f0} - m_{k0} - m_{a2}$ = ______ kg/m^3

8. 计算外加剂用量：

①________（m_{a1}）掺量为________%，得：

$m_{a1} = m_{b0} \times$ ______ = ______ kg/m^3

②________（m_{a2}）掺量为________%，得：

$m_{a2} = m_{b0} \times$ ______ = ______ kg/m^3

9. 选择砂率（β_s）为：______ %

10. 计算砂、石用量：

按质量法计算，假定混凝土拌合物表观密度 m_{cp} 为：________ kg/m^3；砂率为：________%。得：

$m_{c0} + m_{w0} + m_{f0} + m_{g0} + m_{s0} + m_{a1} + m_{a2} = m_{cp}$

$$\beta_s = \frac{m_{s0}}{m_{g0} + m_{s0}} \times 100\%$$

m_{s0} = ______ kg/m^3；m_{g0} = ______ kg/m^3

通过以上计算，得到理论配合比如下：

$m_{w0} : m_{c0} : m_{s0} : m_{g0} : m_{f0} : m_{k0} : m_{a1} : m_{a2}$ =

___ : ___ : ___ : ___ : ___ : ___ : ___ : ___

续表 A.1

三、试配、调整与确定

1. 试配、调整，提出基准配合比

按理论配合比试拌________L 拌合物，经试配调整得出基准配合比如下：

项目		水	水泥	粉煤灰	矿粉	细骨料		粗骨料		外加剂	
试配材料用量/g											
材料增减/g	1										
	2										
基准配合比/(kg/m^3)											

2. 增加和减少 0.05 水胶比的配合比及试配

根据基准配合比，另外计算两个水胶比分别增加和减少 0.05 的配合比进行试配，每个配合比试配时各拌________L 拌合物，见下表：

续表 A. 1

水胶比	试配用量	水	水泥	粉煤灰	矿粉	细骨料		粗骨料		外加剂		砂率/%
____(+0.05)	配合比/(kg/m^3)											
	试配用量/g											
____(−0.05)	配合比/(kg/m^3)											
	试配用量/g											

3. 各配合比的混凝土拌合物性能检验结果如下：

配合比编号	①初始性能			②静置(　　　)min 性能			坍落度经时损失/mm
	坍落度/mm	扩展度/mm	和易性	坍落度/mm	扩展度/mm	和易性	
1. 基准							
2. +0.05							
3. −0.05							

续表 A.1

配合比编号	③表观密度试验结果				
	筒容积/L	筒质量/g	筒和试样质量/g	试样质量/g	表观密度/(kg/m³)
1. 基准					
2. +0.05					
3. −0.05					

4. 检验抗压强度

以上拌合物分别制作试件进行强度检验,结果如下:

配合比编号	项目	7 d 抗压强度检验				28 d 抗压强度检验			
		单块值			代表值	单块值			代表值
1. $f_{cu,基}$	荷载/kN								
	强度/MPa								
2. $f_{cu,+0.05}$	荷载/kN								
	强度/MPa								
3. $f_{cu,-0.05}$	荷载/kN								
	强度/MPa								

续表 A. 1

注：1. $f_{cu,基}$为基准水胶比强度；$f_{cu,+0.05}$为基准水胶比+0.05 强度；$f_{cu,-0.05}$为基准水胶比−0.05 强度。

2. 根据工程结构设计和施工要求而进行的其他检验项目，其试验结果详见附表。

3. 根据以上三个配合比的________ d 强度，按以下方法确定配制强度相对应的水胶比：

（1）采用插值法求出水胶比（W/B），按下列公式进行计算：

①当$f_{cu,0}$在$f_{cu,-0.05}$与$f_{cu,基}$之间时，水胶比按下式计算：

$W/B = W/B_{-0.05}+[(W/B_{基}-W/B_{-0.05})\div(f_{cu,-0.05}-f_{cu,基})]\times(f_{cu,-0.05}-f_{cu,0}) =$

②当$f_{cu,0}$在$f_{cu,+0.05}$与$f_{cu,基}$之间时，水胶比按下式计算：

$W/B = W/B_{基}+[(W/B_{+0.05}-W/B_{基})\div(f_{cu,基}-f_{cu,+0.05})]\times(f_{cu,基}-f_{cu,0}) =$

注：$W/B_{基}$为基准水胶比；$W/B_{-0.05}$ 为较基准水胶比小 0.05 的水胶比；$W/B_{+0.05}$ 为较基准水胶比大 0.05 的水胶比。

（2）水胶比的确定。

①应采用插值法________计算的水胶比（W/B），即________。

②可直接采用略大于配制强度的一组配合比的水胶比（W/B），即________。

4. 计算表观密度校正系数 δ：

按配制强度确定的水胶比，取接近的一组水胶比的混凝土拌合物表观密度进行计算，得：

$\delta=\rho_{c,t}\div\rho_{c,c}=$

5. 确定最终试验室配合比：

根据最终确定的水胶比 W/B 和校正系数 δ（当拌合物表观密度实测值与计算值之差的绝对值不超过计算值的 2%时可不校正配合比），得到的最终试验室配合比如下（kg/m^3）：

续表 A.1

水	水泥	粉煤灰	矿粉	细骨料		粗骨料		外加剂		水胶比	砂率/%

说明:1. 该配合比为干料比,生产时应根据骨料含水率进行调整。

2. 当结构设计对混凝土性能有其他特殊要求时,或胶凝材料、外加剂等原材料有显著变化时,应重新设计配合比

试验人: 复核人: 批准人:

表 A.2　混凝土配合比试验报告

<table>
<tr><td>需方</td><td colspan="3"></td><td>报告编号</td><td colspan="2"></td></tr>
<tr><td>工程名称</td><td colspan="3"></td><td>配合比
设计编号</td><td colspan="2"></td></tr>
<tr><td>结构部位</td><td colspan="3"></td><td>养护方法</td><td colspan="2"></td></tr>
<tr><td>设计等级</td><td colspan="3"></td><td>试验日期</td><td colspan="2"></td></tr>
<tr><td>设计坍落度</td><td colspan="3"></td><td>报告日期</td><td colspan="2"></td></tr>
<tr><td colspan="7">一、混凝土组成材料及配合比</td></tr>
<tr><td>项目</td><td>种类</td><td>厂家或
产地</td><td>型号
规格</td><td>用量/
(kg/m³)</td><td>复试报告
编号</td><td>备注</td></tr>
<tr><td>水</td><td></td><td></td><td></td><td></td><td></td><td></td></tr>
<tr><td>水泥</td><td></td><td></td><td></td><td></td><td></td><td></td></tr>
<tr><td rowspan="2">细骨料</td><td></td><td></td><td></td><td></td><td></td><td></td></tr>
<tr><td></td><td></td><td></td><td></td><td></td><td></td></tr>
<tr><td rowspan="2">粗骨料</td><td></td><td></td><td></td><td></td><td></td><td></td></tr>
<tr><td></td><td></td><td></td><td></td><td></td><td></td></tr>
<tr><td rowspan="2">掺合料</td><td></td><td></td><td></td><td></td><td></td><td></td></tr>
<tr><td></td><td></td><td></td><td></td><td></td><td></td></tr>
<tr><td rowspan="2">外加剂</td><td></td><td></td><td></td><td></td><td></td><td></td></tr>
<tr><td></td><td></td><td></td><td></td><td></td><td></td></tr>
<tr><td colspan="7">水胶比:　　　　　　　　砂率/%:</td></tr>
<tr><td colspan="7">二、混凝土性能检验结果</td></tr>
<tr><td rowspan="2">实测坍落度/
mm</td><td rowspan="2">表观密度/
(kg/m³)</td><td colspan="2">抗压强度/MPa</td><td rowspan="2">抗渗性能</td><td colspan="2" rowspan="2">其他性能</td></tr>
<tr><td>7 d</td><td>28 d</td></tr>
<tr><td></td><td></td><td></td><td></td><td></td><td colspan="2"></td></tr>
<tr><td>备注</td><td colspan="6">1. 该配合比为干料比,生产时应根据骨料含水率进行调整;
2. 本报告复印件需加盖本室“试验报告专用章”方为有效</td></tr>
</table>

试验人:　　　　复核人:　　　　批准人:　　　　试验单位:

表 A.3　生产用混凝土配合比通知单

<table>
<tr><td colspan="3">强度等级</td><td colspan="4"></td><td colspan="2">本通知单编号</td><td colspan="2"></td></tr>
<tr><td colspan="3">施工单位</td><td colspan="4"></td><td colspan="2">生产任务通知单编号</td><td colspan="2"></td></tr>
<tr><td colspan="3">工程名称</td><td colspan="4"></td><td colspan="2">配合比编号</td><td colspan="2"></td></tr>
<tr><td colspan="3">结构部位</td><td colspan="4"></td><td colspan="2">坍落度/mm</td><td colspan="2"></td></tr>
<tr><td colspan="3">施工方法</td><td colspan="4"></td><td colspan="2">生产数量/m³</td><td colspan="2"></td></tr>
<tr><td colspan="11">混凝土组成材料及配合比</td></tr>
<tr><td rowspan="2">使用材料</td><td rowspan="2">水</td><td rowspan="2">水泥</td><td colspan="2">细骨料</td><td colspan="2">粗骨料</td><td colspan="2">掺合料</td><td colspan="2">外加剂</td></tr>
<tr><td></td><td></td><td></td><td></td><td></td><td></td><td></td><td></td></tr>
<tr><td>厂家或产地</td><td></td><td></td><td></td><td></td><td></td><td></td><td></td><td></td><td></td><td></td></tr>
<tr><td>等级规格</td><td></td><td></td><td></td><td></td><td></td><td></td><td></td><td></td><td></td><td></td></tr>
<tr><td>用量/(kg/m³)</td><td></td><td></td><td></td><td></td><td></td><td></td><td></td><td></td><td></td><td></td></tr>
<tr><td colspan="11">备注:1. 该配合比为干料比,依据“混凝土配合比验证记录”签发,并送达质检组;
2. 本通知单是生产前根据骨料含水率及细骨料含石量调整为“生产配合比”的依据;
3. 当实际生产时的原材料与本通知单规定有显著差异时,不得按此配合比生产;
4. 其他</td></tr>
<tr><td colspan="6">通知签发人:

通知签发时间:　　　年　月　日</td><td colspan="5">接收人:

接收时间:　　　年　月　日</td></tr>
</table>

表 A.4 生产用混凝土配合比调整通知单

<table>
<tr><td>强度等级</td><td colspan="4"></td><td colspan="3">本通知单编号</td><td colspan="3"></td></tr>
<tr><td>施工单位</td><td colspan="4"></td><td colspan="3">混凝土生产配合比通知单编号</td><td colspan="3"></td></tr>
<tr><td>工程名称</td><td colspan="4"></td><td colspan="3">配合比编号</td><td colspan="3"></td></tr>
<tr><td>结构部位</td><td colspan="4"></td><td colspan="3">坍落度/mm</td><td colspan="3"></td></tr>
<tr><td>施工方法</td><td colspan="4"></td><td colspan="3">生产数量/m³</td><td colspan="3"></td></tr>
<tr><td colspan="11">混凝土生产用配合比</td></tr>
<tr><td rowspan="2">使用材料</td><td rowspan="2">水</td><td rowspan="2">水泥</td><td colspan="2">细骨料</td><td colspan="2">粗骨料</td><td colspan="2">掺合料</td><td colspan="2">外加剂</td></tr>
<tr><td></td><td></td><td></td><td></td><td></td><td></td><td></td><td></td></tr>
<tr><td>厂家或产地</td><td></td><td></td><td></td><td></td><td></td><td></td><td></td><td></td><td></td><td></td></tr>
<tr><td>规格型号</td><td></td><td></td><td></td><td></td><td></td><td></td><td></td><td></td><td></td><td></td></tr>
<tr><td>设计配合比/(kg/m³)</td><td></td><td></td><td></td><td></td><td></td><td></td><td></td><td></td><td></td><td></td></tr>
<tr><td>生产配合比/(kg/m³)</td><td></td><td></td><td></td><td></td><td></td><td></td><td></td><td></td><td></td><td></td></tr>
<tr><td colspan="11">细骨料含水率/%：　　;细骨料含石量/%：　　;粗骨料含水率/%：</td></tr>
<tr><td colspan="11">备注：1. 该通知单由质检组在生产前，根据骨料含水率及细骨料含石量，以“混凝土生产配合比通知单”(干料比)为依据进行调整，并送达生产部；
2. 当骨料含水率及细骨料含石量有显著变化时，应重新测定，另下达调整通知单；
3. 当实际生产时的原材料与本通知单有显著差异时，不得按此配合比生产；
4. 其他</td></tr>
<tr><td colspan="5">下达人：
下达时间：　月　日　时</td><td colspan="6">接收人：
接收时间：　月　日　时</td></tr>
</table>

表 A.5　混凝土配合比验证记录

验证编号：

<table>
<tr><td colspan="2">设计等级</td><td colspan="3"></td><td colspan="2">验证日期</td><td></td></tr>
<tr><td colspan="2">设计配合比编号</td><td colspan="3"></td><td colspan="2">搅拌方法</td><td></td></tr>
<tr><td colspan="2">试验依据</td><td colspan="3">GB/T 50080、GB/T 50081</td><td colspan="2">成型方法</td><td></td></tr>
<tr><td rowspan="2">主要仪器</td><td>状态</td><td colspan="3">使用前：　　　　;使用后：</td><td rowspan="2">试验环境</td><td>温度</td><td>℃</td></tr>
<tr><td>名称</td><td colspan="3">天平、电子秤、混凝土搅拌机、坍落度筒、压力机、振动台等</td><td>湿度</td><td>%</td></tr>
<tr><td colspan="8">一、原材料及配合比</td></tr>
<tr><td colspan="2">材料名称</td><td>种类</td><td>厂家或产地</td><td>规格型号</td><td colspan="2">配合比/(kg/m³)</td><td>试配用量/g</td></tr>
<tr><td colspan="2">水</td><td></td><td></td><td></td><td colspan="2"></td><td></td></tr>
<tr><td colspan="2">水泥</td><td></td><td></td><td></td><td colspan="2"></td><td></td></tr>
<tr><td colspan="2">粉煤灰</td><td></td><td></td><td></td><td colspan="2"></td><td></td></tr>
<tr><td colspan="2">矿渣粉</td><td></td><td></td><td></td><td colspan="2"></td><td></td></tr>
<tr><td rowspan="2">细骨料</td><td>①</td><td></td><td></td><td></td><td colspan="2"></td><td></td></tr>
<tr><td>②</td><td></td><td></td><td></td><td colspan="2"></td><td></td></tr>
<tr><td rowspan="2">粗骨料</td><td>①</td><td></td><td></td><td></td><td colspan="2"></td><td></td></tr>
<tr><td>②</td><td></td><td></td><td></td><td colspan="2"></td><td></td></tr>
<tr><td rowspan="2">外加剂</td><td>①</td><td></td><td></td><td></td><td colspan="2"></td><td></td></tr>
<tr><td>②</td><td></td><td></td><td></td><td colspan="2"></td><td></td></tr>
</table>

续表 A.5

<table>
<tr><td colspan="4">设计坍落度/mm：</td><td colspan="4">水胶比：</td><td colspan="3">试配拌制/L：</td></tr>
<tr><td colspan="4">设计表观密度/(kg/m³)：</td><td colspan="4">砂率/%：</td><td colspan="3">加水时间：</td></tr>
<tr><td colspan="11">二、验证结果</td></tr>
<tr><td colspan="11">1. 混凝土拌合物和易性测试</td></tr>
<tr><td colspan="5">①初始性能</td><td colspan="6">②静置(　　　　)min 性能</td></tr>
<tr><td colspan="2">坍落度/mm</td><td colspan="2">扩展度/mm</td><td>和易性</td><td colspan="2">坍落度/mm</td><td colspan="2">扩展度/mm</td><td colspan="2">和易性</td></tr>
<tr><td colspan="2"></td><td colspan="2"></td><td></td><td colspan="2"></td><td colspan="2"></td><td colspan="2"></td></tr>
<tr><td colspan="11">2. 混凝土拌合物表观密度测试</td></tr>
<tr><td colspan="2">筒质量/g</td><td colspan="2">筒容积/L</td><td colspan="2">(筒+混凝土质量)/g</td><td colspan="2">混凝土质量/g</td><td colspan="3">表观密度/(kg/m³)</td></tr>
<tr><td colspan="2"></td><td colspan="2"></td><td colspan="2"></td><td colspan="2"></td><td colspan="3"></td></tr>
<tr><td colspan="11">3. 抗压强度检验</td></tr>
<tr><td rowspan="2">试件尺寸/
mm</td><td rowspan="2">养护
方法</td><td rowspan="2">抗压
日期</td><td rowspan="2">龄期/
d</td><td colspan="3">破坏荷载/kN</td><td colspan="3">单块强度/MPa</td><td rowspan="2">强度值/
MPa</td></tr>
<tr><td>1</td><td>2</td><td>3</td><td>1</td><td>2</td><td>3</td></tr>
<tr><td></td><td>标养</td><td></td><td></td><td></td><td></td><td></td><td></td><td></td><td></td><td></td></tr>
<tr><td></td><td>标养</td><td></td><td></td><td></td><td></td><td></td><td></td><td></td><td></td><td></td></tr>
<tr><td></td><td>标养</td><td></td><td></td><td></td><td></td><td></td><td></td><td></td><td></td><td></td></tr>
<tr><td colspan="11">备注：</td></tr>
</table>

试验人：　　　　　　　　　　　　复核人：

表 A.6 水泥试验原始记录

生产厂家			样品编号		试验编号		
品种等级			样品状态		取样日期		
代表数量			出厂编号		试验日期		
主要仪器	状态	使用前： 使用后：	试验依据	GB/T 17671、GB/T 1346	试验环境	温度	℃
	名称	净浆搅拌机、胶砂搅拌机、振实台、维卡仪、养护箱、天平、压力机、沸煮箱等				湿度	%

一、标准稠度用水量测定 温度： ℃；湿度： %			
加水时间（h:min）	用水量/mL	指针距底板距离/mm	标准稠度用水量/%

二、安定性检验 温度： ℃；湿度： %						
雷氏法	煮前 *A*/mm	煮后 *C*/mm	增加（*C*−*A*）/mm	平均值/mm	试饼法	沸煮后结果描述：

三、凝结时间检验														
环境条件		温度： ℃；湿度： %					标准养护箱				温度： ℃；湿度： %			
测试次数与结果		1	2	3	4	5	6	7	8	9	10	11	12	结果/min
初凝测试	测试时间（h:min）													
	试针距底板距离/mm													
终凝测试	测试时间（h:min）													
	试针沉入情况													

续表 A.6

<table>
<tr><td colspan="13">四、强度检验</td></tr>
<tr><td colspan="2">加水时间：　月　日　时　分</td><td colspan="4">1. 抗折强度/MPa</td><td colspan="7">2. 抗压强度</td></tr>
<tr><td rowspan="3">3 d</td><td>破型时间</td><td colspan="3">单块抗折强度值</td><td>平均值</td><td colspan="3">破坏荷载/kN</td><td colspan="3">单块强度值/MPa</td><td>平均值/MPa</td></tr>
<tr><td>年　月　日　时　分</td><td rowspan="2"></td><td rowspan="2"></td><td rowspan="2"></td><td rowspan="2"></td><td rowspan="2"></td><td rowspan="2"></td><td rowspan="2"></td><td rowspan="2"></td><td rowspan="2"></td><td rowspan="2"></td><td rowspan="2"></td></tr>
<tr><td>温度：　℃；湿度：　%</td></tr>
<tr><td rowspan="3">28 d</td><td>破型时间</td><td colspan="3">单块抗折强度值</td><td>平均值</td><td colspan="3">破坏荷载/kN</td><td colspan="3">单块强度值/MPa</td><td>平均值/MPa</td></tr>
<tr><td>年　月　日　时　分</td><td rowspan="2"></td><td rowspan="2"></td><td rowspan="2"></td><td rowspan="2"></td><td rowspan="2"></td><td rowspan="2"></td><td rowspan="2"></td><td rowspan="2"></td><td rowspan="2"></td><td rowspan="2"></td><td rowspan="2"></td></tr>
<tr><td>温度：　℃；湿度：　%</td></tr>
<tr><td colspan="13">结论：根据 GB 175 标准评定，该批水泥所检项目________________</td></tr>
</table>

试验人：　　　　　　　　　　　　复核人：

表 A.7　细骨料试验原始记录

<table>
<tr><td colspan="2">种类规格</td><td colspan="2"></td><td colspan="2">样品编号</td><td colspan="2"></td><td colspan="2">试验编号</td><td></td></tr>
<tr><td colspan="2">产地</td><td colspan="8"></td><td>取样日期</td><td></td></tr>
<tr><td colspan="2">代表批量</td><td colspan="8"></td><td>试验日期</td><td></td></tr>
<tr><td colspan="2">样品状态</td><td colspan="8"></td><td>试验依据</td><td>JGJ 52</td></tr>
<tr><td rowspan="2">主要仪器</td><td>状态</td><td colspan="8">使用前：　　　　;使用后：</td><td>环境温度</td><td></td></tr>
<tr><td>名称</td><td colspan="10">天平、摇筛机、压碎值测定仪、压力机、烘箱、砂筛、浅盘等</td></tr>
<tr><td colspan="12">一、筛分析试验　　（试样质量:500 g）</td></tr>
<tr><td colspan="2">筛孔边长/mm</td><td>4.75</td><td>2.36</td><td>1.18</td><td>0.60</td><td>0.30</td><td>0.15</td><td>筛底</td><td colspan="3">细度模数</td></tr>
<tr><td rowspan="2">分计筛余量/
g</td><td>1</td><td></td><td></td><td></td><td></td><td></td><td></td><td></td><td colspan="3" rowspan="7">μ_{f_1} =
μ_{f_2} =
μ_f =</td></tr>
<tr><td>2</td><td></td><td></td><td></td><td></td><td></td><td></td><td></td></tr>
<tr><td rowspan="2">分计筛余百分率/
%</td><td>1</td><td></td><td></td><td></td><td></td><td></td><td></td><td></td></tr>
<tr><td>2</td><td></td><td></td><td></td><td></td><td></td><td></td><td></td></tr>
<tr><td rowspan="2">累计筛余百分率/
%</td><td>1</td><td></td><td></td><td></td><td></td><td></td><td></td><td></td></tr>
<tr><td>2</td><td></td><td></td><td></td><td></td><td></td><td></td><td></td></tr>
<tr><td colspan="2">平均累计筛余百分率/%</td><td></td><td></td><td></td><td></td><td></td><td></td><td></td></tr>
</table>

续表 A.7

<table>
<tr><td colspan="5">二、□含泥量试验　□石粉含量试验</td><td colspan="5">三、泥块含量试验</td></tr>
<tr><td>序号</td><td>试验前烘干质量/g</td><td>试验后烘干质量/g</td><td>含量/%</td><td>平均值/%</td><td>序号</td><td>试验前烘干质量/g</td><td>试验后烘干质量/g</td><td>泥块含量/%</td><td>平均值/%</td></tr>
<tr><td>1</td><td>400</td><td></td><td></td><td rowspan="2"></td><td>1</td><td>200</td><td></td><td></td><td rowspan="2"></td></tr>
<tr><td>2</td><td>400</td><td></td><td></td><td>2</td><td>200</td><td></td><td></td></tr>
<tr><td colspan="10">四 、石粉含量试验(亚甲蓝·快速法)</td></tr>
<tr><td colspan="2">试样质量/g</td><td colspan="3">亚甲蓝溶液加入量/mL</td><td colspan="3">悬浊液滴于滤纸上状态</td><td colspan="2">试验结果</td></tr>
<tr><td colspan="2">200</td><td colspan="3">30</td><td colspan="3"></td><td colspan="2"></td></tr>
<tr><td colspan="10">五、压碎指标试验(机制砂)</td></tr>
<tr><td colspan="2">筛孔边长/mm</td><td>试样质量/g</td><td>筛余量/g</td><td colspan="2">压碎值/%</td><td colspan="2">单级值/%</td><td colspan="2">总压碎值/%</td></tr>
<tr><td colspan="2" rowspan="3">4.75~2.36</td><td>300</td><td></td><td colspan="2"></td><td colspan="2" rowspan="3"></td><td colspan="2" rowspan="12"></td></tr>
<tr><td>300</td><td></td><td colspan="2"></td></tr>
<tr><td>300</td><td></td><td colspan="2"></td></tr>
<tr><td colspan="2" rowspan="3">2.36~1.18</td><td>300</td><td></td><td colspan="2"></td><td colspan="2" rowspan="3"></td></tr>
<tr><td>300</td><td></td><td colspan="2"></td></tr>
<tr><td>300</td><td></td><td colspan="2"></td></tr>
<tr><td colspan="2" rowspan="3">1.18~0.60</td><td>300</td><td></td><td colspan="2"></td><td colspan="2" rowspan="3"></td></tr>
<tr><td>300</td><td></td><td colspan="2"></td></tr>
<tr><td>300</td><td></td><td colspan="2"></td></tr>
<tr><td colspan="2" rowspan="3">0.60~0.30</td><td>300</td><td></td><td colspan="2"></td><td colspan="2" rowspan="3"></td></tr>
<tr><td>300</td><td></td><td colspan="2"></td></tr>
<tr><td>300</td><td></td><td colspan="2"></td></tr>
<tr><td colspan="10">结论:根据 JGJ 52 标准评定,该批细骨料符合______区颗粒级配,属______砂,其他所检项目______混凝土用砂质量要求</td></tr>
</table>

试验人:　　　　　　　　　　复核人:

表 A.8 粗骨料试验原始记录

<table>
<tr><td colspan="2">种类规格</td><td colspan="3"></td><td colspan="2">样品编号</td><td colspan="2"></td><td colspan="2">试验编号</td><td></td></tr>
<tr><td colspan="2">产地</td><td colspan="7"></td><td colspan="2">取样日期</td><td></td></tr>
<tr><td colspan="2">代表数量</td><td colspan="7"></td><td colspan="2">试验日期</td><td></td></tr>
<tr><td colspan="2">样品状态</td><td colspan="7"></td><td colspan="2">试验依据</td><td>JGJ 52</td></tr>
<tr><td rowspan="2">主要仪器</td><td>状态</td><td colspan="7">使用前：　　　　;使用后：</td><td colspan="2">环境温度</td><td></td></tr>
<tr><td>名称</td><td colspan="10">天平、摇筛机、烘箱、石筛、针片状规准仪、压碎值测定仪、压力机等</td></tr>
<tr><td colspan="12">一、筛分析试验　　（试样质量：　　g）</td></tr>
<tr><td colspan="2">筛孔边长/mm</td><td>31.5</td><td>26.5</td><td>19.0</td><td>16.0</td><td>9.5</td><td>4.75</td><td>2.36</td><td>筛底</td><td colspan="2">最大粒径/mm</td></tr>
<tr><td colspan="2">分计筛余量/g</td><td></td><td></td><td></td><td></td><td></td><td></td><td></td><td></td><td colspan="2" rowspan="3"></td></tr>
<tr><td colspan="2">分计筛余百分率/%</td><td></td><td></td><td></td><td></td><td></td><td></td><td></td><td></td></tr>
<tr><td colspan="2">累计筛余百分率/%</td><td></td><td></td><td></td><td></td><td></td><td></td><td></td><td></td></tr>
<tr><td colspan="12">二、含泥量试验</td></tr>
<tr><td colspan="2">试验次数</td><td colspan="3">试验前烘干试样质量/g</td><td colspan="3">试验后烘干试样质量/g</td><td colspan="2">含泥量/%</td><td colspan="2">平均值/%</td></tr>
<tr><td colspan="2">1</td><td colspan="3"></td><td colspan="3"></td><td colspan="2"></td><td colspan="2" rowspan="2"></td></tr>
<tr><td colspan="2">2</td><td colspan="3"></td><td colspan="3"></td><td colspan="2"></td></tr>
</table>

续表 A.8

三、泥块含量试验				
试验次数	试验前烘干试样质量/g	试验后烘干试样质量/g	泥块含量/%	平均值/%
1				
2				
四、针片状颗粒含量试验				
试样总质量/g		针片状颗粒总质量/g		针片状颗粒总含量/%
五、压碎指标试验				
试验次数	试样质量/g	筛余质量/g	压碎指标/%	平均压碎指标/%
1				
2				
3				
结论:根据 JGJ 52 标准评定,该批碎(卵)石符合________~________ mm ________颗粒级配,所检项目________混凝土用石技术要求				

试验人:　　　　　　　　　　复核人:

表 A.9　粉煤灰试验原始记录

<table>
<tr><td colspan="2">生产厂家</td><td colspan="2"></td><td>样品编号</td><td></td></tr>
<tr><td colspan="2">类别等级</td><td colspan="2"></td><td>试验编号</td><td></td></tr>
<tr><td colspan="2">数量、批号</td><td colspan="2">t;</td><td>取样日期</td><td></td></tr>
<tr><td colspan="2">试验环境</td><td colspan="2">温度：　　℃；湿度：　　%</td><td>试验日期</td><td></td></tr>
<tr><td rowspan="2">主要仪器</td><td>状态</td><td colspan="2">使用前：　　；使用后：</td><td>样品状态</td><td></td></tr>
<tr><td>名称</td><td colspan="4">天平、胶砂搅拌机、筛析仪、流动度测定仪、电阻炉、分析天平、压力机等</td></tr>
<tr><td colspan="2">试验依据</td><td colspan="4">GB/T 1596、GB/T 176、GB/T 1345、GB/T 2419、GB/T 17671</td></tr>
<tr><td colspan="6">一、含水率试验</td></tr>
<tr><td colspan="2">试验次数</td><td>烘干前试样质量/g</td><td>烘干后试样质量/g</td><td>含水率/%</td><td>平均含水率/%</td></tr>
<tr><td colspan="2">1</td><td></td><td></td><td></td><td rowspan="3"></td></tr>
<tr><td colspan="2">2</td><td></td><td></td><td></td></tr>
<tr><td colspan="2">3</td><td></td><td></td><td></td></tr>
<tr><td colspan="6">二、烧失量试验</td></tr>
<tr><td colspan="2">试验次数</td><td>灼烧前试样质量/g</td><td>灼烧后试样质量/g</td><td>烧失量/%</td><td>平均烧失量/%</td></tr>
<tr><td colspan="2">1</td><td></td><td></td><td></td><td rowspan="3"></td></tr>
<tr><td colspan="2">2</td><td></td><td></td><td></td></tr>
<tr><td colspan="2">3</td><td></td><td></td><td></td></tr>
</table>

续表 A.9

<table>
<tr><td colspan="6">三、细度试验</td></tr>
<tr><td>试验次数</td><td>试样质量/g</td><td>筛余物质量/g</td><td>筛网校正系数</td><td>细度/%</td><td>平均细度/%</td></tr>
<tr><td>1</td><td></td><td></td><td></td><td></td><td rowspan="3"></td></tr>
<tr><td>2</td><td></td><td></td><td></td><td></td></tr>
<tr><td>3</td><td></td><td></td><td></td><td></td></tr>
</table>

<table>
<tr><td colspan="9">四、需水量比试验</td></tr>
<tr><td rowspan="2">胶砂种类</td><td rowspan="2">水泥/g</td><td rowspan="2">标准砂/g</td><td rowspan="2">粉煤灰/g</td><td rowspan="2">用水量/g</td><td colspan="3">流动度/mm</td><td rowspan="2">需水量比/%</td></tr>
<tr><td>纵向</td><td>横向</td><td>平均值</td></tr>
<tr><td>对比胶砂</td><td>250</td><td>750</td><td>—</td><td>125</td><td></td><td></td><td></td><td rowspan="2"></td></tr>
<tr><td>试验胶砂</td><td>175</td><td>750</td><td>75</td><td></td><td></td><td></td><td></td></tr>
<tr><td colspan="9">备注：对比胶砂流动度为 145~155 mm，试验胶砂流动度达到对比胶砂流动度的±2 mm，否则调整用水量</td></tr>
</table>

<table>
<tr><td colspan="9">五、28 d 强度活性指数试验</td></tr>
<tr><td colspan="9">胶砂加水时间：　年　月　日　时　分；破型时间：　年　月　日　时　分</td></tr>
<tr><td>项目</td><td colspan="3">破坏荷载/kN</td><td colspan="3">单块强度/MPa</td><td>平均值/MPa</td><td>活性指数/%</td></tr>
<tr><td rowspan="2">对比胶砂</td><td></td><td></td><td></td><td></td><td></td><td></td><td rowspan="2"></td><td rowspan="4"></td></tr>
<tr><td></td><td></td><td></td><td></td><td></td><td></td></tr>
<tr><td rowspan="2">试验胶砂</td><td></td><td></td><td></td><td></td><td></td><td></td><td rowspan="2"></td></tr>
<tr><td></td><td></td><td></td><td></td><td></td><td></td></tr>
<tr><td colspan="9">结论：按 GB/T 1596 评定，该批粉煤灰所检项目__________质量标准要求</td></tr>
</table>

试验人：　　　　　　　　复核人：

表 A.10　矿渣粉试验原始记录

<table>
<tr><td>生产厂家</td><td colspan="3"></td><td>样品编号</td><td colspan="2"></td><td colspan="2">试验编号</td><td></td></tr>
<tr><td>级别</td><td colspan="3"></td><td>样品状态</td><td colspan="2"></td><td colspan="2">取样日期</td><td></td></tr>
<tr><td>出厂编号</td><td colspan="3"></td><td>代表数量</td><td colspan="2"></td><td colspan="2">试验日期</td><td></td></tr>
<tr><td>主要仪器</td><td colspan="6">胶砂搅拌机、振实台、养护箱、天平、压力机、跳桌、高温炉、干燥箱等</td><td colspan="2">仪器状态</td><td>使用前：　　；
使用后：</td></tr>
<tr><td>试验依据</td><td colspan="9">GB/T 18046、GB/T 176、GB/T 17671、GB/T 2419</td></tr>
<tr><td rowspan="3">流动度比试验</td><td colspan="2">试验环境</td><td colspan="3">对比胶砂流动度/mm</td><td colspan="3">试验胶砂流动度/mm</td><td rowspan="2">流动度比/%</td></tr>
<tr><td>温度/℃</td><td>湿度/%</td><td>1</td><td>2</td><td>平均</td><td>1</td><td>2</td><td>平均</td></tr>
<tr><td></td><td></td><td></td><td></td><td></td><td></td><td></td><td></td><td></td></tr>
<tr><td rowspan="3">烧失量试验</td><td>试验次数</td><td colspan="3">灼烧前试样质量/g</td><td colspan="2">灼烧后试样质量/g</td><td colspan="2">烧失量/%</td><td>平均烧失量/%</td></tr>
<tr><td>1</td><td colspan="3"></td><td colspan="2"></td><td colspan="2"></td><td rowspan="2"></td></tr>
<tr><td>2</td><td colspan="3"></td><td colspan="2"></td><td colspan="2"></td></tr>
<tr><td rowspan="3">含水率试验</td><td>试验次数</td><td colspan="3">烘干前试样质量/g</td><td colspan="2">烘干后试样质量/g</td><td colspan="2">含水率/%</td><td>平均含水率/%</td></tr>
<tr><td>1</td><td colspan="3"></td><td colspan="2"></td><td colspan="2"></td><td rowspan="2"></td></tr>
<tr><td>2</td><td colspan="3"></td><td colspan="2"></td><td colspan="2"></td></tr>
</table>

续表 A. 10

<table>
<tr><td rowspan="11">活性指数试验</td><td colspan="13">搅拌加水时间：　年　月　日　时　分；试验环境：温度：　℃，湿度：　%</td></tr>
<tr><td>养护龄期</td><td colspan="6">7 d</td><td colspan="6">28 d</td></tr>
<tr><td>破型日期</td><td colspan="6">年　月　日　时　分</td><td colspan="6">年　月　日　时　分</td></tr>
<tr><td>胶砂种类</td><td colspan="3">对比胶砂</td><td colspan="3">试验胶砂</td><td colspan="3">对比胶砂</td><td colspan="3">试验胶砂</td></tr>
<tr><td rowspan="2">破坏荷载/kN</td><td></td><td></td><td></td><td></td><td></td><td></td><td></td><td></td><td></td><td></td><td></td><td></td></tr>
<tr><td></td><td></td><td></td><td></td><td></td><td></td><td></td><td></td><td></td><td></td><td></td><td></td></tr>
<tr><td rowspan="2">单块强度/MPa</td><td></td><td></td><td></td><td></td><td></td><td></td><td></td><td></td><td></td><td></td><td></td><td></td></tr>
<tr><td></td><td></td><td></td><td></td><td></td><td></td><td></td><td></td><td></td><td></td><td></td><td></td></tr>
<tr><td>平均值/MPa</td><td colspan="3"></td><td colspan="3"></td><td colspan="3"></td><td colspan="3"></td></tr>
<tr><td>活性指数/%</td><td colspan="6"></td><td colspan="6"></td></tr>
<tr><td colspan="13"></td></tr>
<tr><td colspan="14">结论：根据 GB/T 18046 标准评定，该批矿渣粉所检项目＿＿＿＿技术要求</td></tr>
</table>

试验人：　　　　　　　　　　复核人：

表 A.11　混凝土减水剂试验原始记录

<table>
<tr><td>生产厂家</td><td></td><td>代表数量</td><td>t</td><td>试验编号</td><td></td></tr>
<tr><td>品种、型号</td><td></td><td>样品状态</td><td></td><td>样品编号</td><td></td></tr>
<tr><td>试验依据</td><td>GB 8076、GB/T 50081、GB/T 50080</td><td>试验环境</td><td>温度：　℃；湿度：　%</td><td>取样日期</td><td></td></tr>
<tr><td>主要仪器</td><td>天平、电子秤、混凝土搅拌机、坍落度筒、压力机、烘箱等</td><td>仪器状态</td><td>使用前：　　；
使用后：</td><td>试验日期</td><td></td></tr>
</table>

<table>
<tr><td colspan="7">一、组成材料与配合比</td><td colspan="5">二、液体减水剂含固量检验</td></tr>
<tr><td>材料名称</td><td>水泥</td><td>中砂</td><td colspan="2">碎石</td><td>减水剂</td><td rowspan="2">砂率/%</td><td rowspan="2">试验次数</td><td rowspan="2">烘干前试样质量/g</td><td rowspan="2">烘干后试样质量/g</td><td colspan="2">固体含量/%</td></tr>
<tr><td>规格</td><td></td><td></td><td></td><td></td><td></td><td>单次</td><td>平均</td></tr>
<tr><td>配合比/(kg/m³)</td><td></td><td></td><td></td><td></td><td></td><td rowspan="2"></td><td>1</td><td></td><td></td><td></td><td rowspan="2"></td></tr>
<tr><td>拌制/L</td><td></td><td></td><td></td><td></td><td></td><td>2</td><td></td><td></td><td></td></tr>
</table>

<table>
<tr><td colspan="14">三、混凝土拌合物减水率检验</td></tr>
<tr><td colspan="6">基准混凝土</td><td colspan="6">受检混凝土</td><td rowspan="2">减水率/%</td><td rowspan="4">备注：液体减水剂中含水率应计入用水量</td></tr>
<tr><td colspan="3">用水量/(kg/m³)</td><td colspan="3">坍落度/mm</td><td colspan="3">用水量/(kg/m³)</td><td colspan="3">坍落度/mm</td></tr>
<tr><td>1</td><td>2</td><td>3</td><td>1</td><td>2</td><td>3</td><td>1</td><td>2</td><td>3</td><td>1</td><td>2</td><td>3</td><td rowspan="2"></td></tr>
<tr><td></td><td></td><td></td><td></td><td></td><td></td><td></td><td></td><td></td><td></td><td></td><td></td></tr>
</table>

续表 A.11

四、混凝土抗压强度比检验															
龄期/d	基准混凝土							受检混凝土							抗压强度比/%
	破坏荷载/kN			单块强度/MPa			代表值/MPa	破坏荷载/kN			单块强度/MPa			代表值/MPa	
1															
3															
7															
28															
结论:根据 GB 8076 标准评定,该批减水剂所检项目________															

试验人: 复核人:

表 A.12 混凝土膨胀剂试验原始记录

<table>
<tr><td colspan="2">生产厂家</td><td colspan="8"></td><td colspan="3">样品编号</td><td colspan="3"></td></tr>
<tr><td colspan="2">规格型号</td><td colspan="8"></td><td colspan="3">试验编号</td><td colspan="3"></td></tr>
<tr><td colspan="2">代表数量</td><td colspan="8"></td><td colspan="3">取样日期</td><td colspan="3"></td></tr>
<tr><td colspan="2">试验依据</td><td colspan="8">GB 23439、GB/T 17671、GB/T 1346、GB/T 1345</td><td colspan="3">试验日期</td><td colspan="3"></td></tr>
<tr><td rowspan="3">主要仪器</td><td rowspan="2">名称</td><td colspan="8" rowspan="2">天平、净浆搅拌机、胶砂搅拌机、振实台、维卡仪、养护箱、压力机、限制膨胀率测量仪等</td><td colspan="3" rowspan="2">试验环境</td><td colspan="3">温度：　　℃</td></tr>
<tr><td colspan="3">湿度：　　%</td></tr>
<tr><td>状态</td><td colspan="8">使用前：　　　　;使用后：</td><td colspan="3">样品状态</td><td colspan="3"></td></tr>
<tr><td rowspan="2">细度</td><td colspan="5">试样质量/g</td><td colspan="5">1.18 mm 筛筛余质量/g</td><td colspan="5">细度/%</td></tr>
<tr><td colspan="5">25</td><td colspan="5"></td><td colspan="5"></td></tr>
<tr><td rowspan="6">凝结时间</td><td colspan="15">加水时间(h:min)：</td></tr>
<tr><td colspan="2">测试次数与结果</td><td>1</td><td>2</td><td>3</td><td>4</td><td>5</td><td>6</td><td>7</td><td>8</td><td>9</td><td>10</td><td>11</td><td>12</td><td>结果/min</td></tr>
<tr><td rowspan="2">初凝测试</td><td>测试时间(h:min)</td><td></td><td></td><td></td><td></td><td></td><td></td><td></td><td></td><td></td><td></td><td></td><td></td><td></td></tr>
<tr><td>试针距底板距离/mm</td><td></td><td></td><td></td><td></td><td></td><td></td><td></td><td></td><td></td><td></td><td></td><td></td><td></td></tr>
<tr><td rowspan="2">终凝测试</td><td>测试时间(h:min)</td><td></td><td></td><td></td><td></td><td></td><td></td><td></td><td></td><td></td><td></td><td></td><td></td><td></td></tr>
<tr><td>试针沉入情况</td><td></td><td></td><td></td><td></td><td></td><td></td><td></td><td></td><td></td><td></td><td></td><td></td><td></td></tr>
</table>

续表 A. 12

<table>
<tr><td rowspan="6">抗压强度</td><td colspan="13">搅拌加水时间：　　月　　日　　时　　分</td></tr>
<tr><td>养护龄期</td><td colspan="6">7 d</td><td colspan="6">28 d</td></tr>
<tr><td>破型日期</td><td colspan="6">年　月　日　时　分</td><td colspan="6">年　月　日　时　分</td></tr>
<tr><td>破坏荷载/kN</td><td></td><td></td><td></td><td></td><td></td><td></td><td></td><td></td><td></td><td></td><td></td><td></td></tr>
<tr><td>单块值/MPa</td><td></td><td></td><td></td><td></td><td></td><td></td><td></td><td></td><td></td><td></td><td></td><td></td></tr>
<tr><td>平均值/MPa</td><td colspan="6"></td><td colspan="6"></td></tr>
<tr><td rowspan="6">限制膨胀率</td><td>养护龄期</td><td colspan="6">水中 7 d</td><td colspan="6">空气中 21 d</td></tr>
<tr><td>试件编号</td><td colspan="2">1</td><td colspan="2">2</td><td colspan="2">3</td><td colspan="2">1</td><td colspan="2">2</td><td colspan="2">3</td></tr>
<tr><td>初始读数/mm</td><td colspan="2"></td><td colspan="2"></td><td colspan="2"></td><td colspan="2"></td><td colspan="2"></td><td colspan="2"></td></tr>
<tr><td>龄期读数/mm</td><td colspan="2"></td><td colspan="2"></td><td colspan="2"></td><td colspan="2"></td><td colspan="2"></td><td colspan="2"></td></tr>
<tr><td>单块值/%</td><td colspan="2"></td><td colspan="2"></td><td colspan="2"></td><td colspan="2"></td><td colspan="2"></td><td colspan="2"></td></tr>
<tr><td>平均值/%</td><td colspan="6"></td><td colspan="6"></td></tr>
<tr><td colspan="14">备注：膨胀剂的试验掺量：凝结时间、限制膨胀率为 10.0%；抗压强度为 5.0%</td></tr>
<tr><td colspan="14">结论：根据 GB 23439 评定，该批膨胀剂所检项目：____________</td></tr>
</table>

试验人：　　　　　　　　　　复核人：

表 A.13　混凝土防冻剂试验原始记录

<table>
<tr><td>生产厂家</td><td colspan="3"></td><td colspan="2">试验依据</td><td colspan="4">JC 475、GB/T 50081、GB/T 50080</td><td>样品编号</td><td></td></tr>
<tr><td>规格型号</td><td colspan="3"></td><td colspan="2">试验环境</td><td colspan="4">温度：　　℃；湿度：　　%</td><td>样品状态</td><td></td></tr>
<tr><td>试验编号</td><td colspan="3"></td><td rowspan="2">主要仪器</td><td>名称</td><td colspan="4">天平、电子秤、搅拌机、振动台、含气量测定仪、压力机等</td><td>取样日期</td><td></td></tr>
<tr><td>代表数量</td><td colspan="3"></td><td>状态</td><td colspan="4">使用前：　　　　；
使用后：</td><td>试验日期</td><td></td></tr>
<tr><td colspan="7">一、组成材料与配合比</td><td colspan="5">二、受检混凝土拌合物含气量检验</td></tr>
<tr><td>材料名称</td><td>水泥</td><td>中砂</td><td colspan="2">碎石</td><td>防冻剂</td><td rowspan="2">砂率/%</td><td rowspan="2">试验次数</td><td rowspan="2">气室压力/MPa</td><td rowspan="2">容器压力/MPa</td><td rowspan="2">含气量/%</td><td rowspan="2">平均含气量/%</td></tr>
<tr><td>规格</td><td></td><td></td><td></td><td></td><td></td></tr>
<tr><td>配合比/(kg/m³)</td><td></td><td></td><td></td><td></td><td></td><td rowspan="2"></td><td>1</td><td>0.1</td><td></td><td></td><td rowspan="3"></td></tr>
<tr><td>试配/L(g)</td><td></td><td></td><td></td><td></td><td></td><td>2</td><td>0.1</td><td></td><td></td></tr>
<tr><td colspan="7">注：防冻剂掺量为水泥用量的　　　%，抗压强度比试验规定温度为：-　℃</td><td>3</td><td>0.1</td><td></td><td></td></tr>
</table>

续表 A. 13

<table>
<tr><td colspan="10">三、抗压强度比检验</td><td colspan="3">四、减水率检验</td></tr>
<tr><td colspan="10">受检混凝土</td><td colspan="10">受检混凝土标准养护 28 d</td><td colspan="3">基准混凝土</td></tr>
<tr><td>项目</td><td colspan="3">破坏荷载/kN</td><td colspan="3">单块强度/MPa</td><td>平均/MPa</td><td>代表值/MPa</td><td colspan="3">破坏荷载/kN</td><td colspan="3">单块强度/MPa</td><td>平均/MPa</td><td>代表值/MPa</td><td>试验次数</td><td>用水量/(kg/m³)</td><td>坍落度/mm</td></tr>
<tr><td rowspan="3">R_{-7}</td><td></td><td></td><td></td><td></td><td></td><td></td><td></td><td rowspan="3"></td><td></td><td></td><td></td><td></td><td></td><td></td><td></td><td rowspan="3"></td><td>1</td><td></td><td></td></tr>
<tr><td></td><td></td><td></td><td></td><td></td><td></td><td></td><td></td><td></td><td></td><td></td><td></td><td></td><td></td><td>2</td><td></td><td></td></tr>
<tr><td></td><td></td><td></td><td></td><td></td><td></td><td></td><td></td><td></td><td></td><td></td><td></td><td></td><td></td><td>3</td><td></td><td></td></tr>
<tr><td rowspan="3">R_{-7+28}</td><td></td><td></td><td></td><td></td><td></td><td></td><td></td><td rowspan="3"></td><td colspan="9">基准混凝土标准养护 28 d</td><td colspan="3">受检混凝土</td></tr>
<tr><td></td><td></td><td></td><td></td><td></td><td></td><td></td><td rowspan="2" colspan="3">破坏荷载/kN</td><td rowspan="2" colspan="3">单块强度/MPa</td><td rowspan="2">平均/MPa</td><td rowspan="2">代表值/MPa</td><td rowspan="2">试验次数</td><td rowspan="2">用水量/(kg/m³)</td><td rowspan="2">坍落度/mm</td></tr>
<tr><td></td><td></td><td></td><td></td><td></td><td></td><td></td></tr>
<tr><td rowspan="3">R_{-7+56}</td><td></td><td></td><td></td><td></td><td></td><td></td><td></td><td rowspan="3"></td><td></td><td></td><td></td><td></td><td></td><td></td><td></td><td rowspan="3"></td><td>1</td><td></td><td></td></tr>
<tr><td></td><td></td><td></td><td></td><td></td><td></td><td></td><td></td><td></td><td></td><td></td><td></td><td></td><td></td><td>2</td><td></td><td></td></tr>
<tr><td></td><td></td><td></td><td></td><td></td><td></td><td></td><td></td><td></td><td></td><td></td><td></td><td></td><td></td><td>3</td><td></td><td></td></tr>
<tr><td colspan="17">抗压强度比(%):R_{28} = ;R_{-7} = ; R_{-7+28} = ;R_{-7+56} =</td><td colspan="3">减水率/%:</td></tr>
<tr><td colspan="20">结论:根据 JC 475 评定,该批防冻剂所检项目:__________</td></tr>
</table>

试验人:　　　　　　　　　　复核人:

表 A.14　混凝土抗压强度试验原始记录

试验依据：GB/T 50081

主要仪器	2 000 kN 压力试验机			仪器状态			使用前：　　； 使用后：					试验环境	温度：　　℃；湿度：　　%				
试件编号	强度等级	成型日期	试验日期	龄期/d	养护条件	试件规格/mm	单块破坏荷载/kN			单块强度值/MPa			代表值/MPa	达标准值/%	试件状态	试验人	复核人

表 A.15 混凝土抗渗性能试验原始记录

<table>
<tr><td colspan="3">工程名称</td><td colspan="8"></td><td>试块编号</td><td></td></tr>
<tr><td colspan="3">结构部位</td><td colspan="8"></td><td>成型日期</td><td></td></tr>
<tr><td colspan="3">设计等级</td><td colspan="8"></td><td>试验日期</td><td></td></tr>
<tr><td colspan="3">试验依据</td><td colspan="8">GB/T 50082</td><td>龄期/d</td><td></td></tr>
<tr><td rowspan="2">主要仪器</td><td colspan="2">名称</td><td colspan="8">混凝土抗渗仪</td><td>养护方法</td><td></td></tr>
<tr><td colspan="2">状态</td><td colspan="8">使用前：　　　;使用后：</td><td>试件状态</td><td></td></tr>
<tr><td colspan="13">检验记录</td></tr>
<tr><td rowspan="2">水压 H/MPa</td><td colspan="2">加压时间</td><td colspan="6">试块透水情况</td><td rowspan="2" colspan="4">值班人</td></tr>
<tr><td>日期</td><td>时间</td><td>1</td><td>2</td><td>3</td><td>4</td><td>5</td><td>6</td></tr>
<tr><td>0.1</td><td></td><td></td><td></td><td></td><td></td><td></td><td></td><td></td><td colspan="4"></td></tr>
<tr><td>0.2</td><td></td><td></td><td></td><td></td><td></td><td></td><td></td><td></td><td colspan="4"></td></tr>
<tr><td>0.3</td><td></td><td></td><td></td><td></td><td></td><td></td><td></td><td></td><td colspan="4"></td></tr>
<tr><td>0.4</td><td></td><td></td><td></td><td></td><td></td><td></td><td></td><td></td><td colspan="4"></td></tr>
<tr><td>0.5</td><td></td><td></td><td></td><td></td><td></td><td></td><td></td><td></td><td colspan="4"></td></tr>
<tr><td>0.6</td><td></td><td></td><td></td><td></td><td></td><td></td><td></td><td></td><td colspan="4"></td></tr>
<tr><td>0.7</td><td></td><td></td><td></td><td></td><td></td><td></td><td></td><td></td><td colspan="4"></td></tr>
<tr><td>0.8</td><td></td><td></td><td></td><td></td><td></td><td></td><td></td><td></td><td colspan="4"></td></tr>
<tr><td>0.9</td><td></td><td></td><td></td><td></td><td></td><td></td><td></td><td></td><td colspan="4"></td></tr>
<tr><td>1.0</td><td></td><td></td><td></td><td></td><td></td><td></td><td></td><td></td><td colspan="4"></td></tr>
<tr><td>1.1</td><td></td><td></td><td></td><td></td><td></td><td></td><td></td><td></td><td colspan="4"></td></tr>
<tr><td>1.2</td><td></td><td></td><td></td><td></td><td></td><td></td><td></td><td></td><td colspan="4"></td></tr>
<tr><td>1.3</td><td></td><td></td><td></td><td></td><td></td><td></td><td></td><td></td><td colspan="4"></td></tr>
<tr><td colspan="13">备注：1. 未出现渗水的用“√”表示，开始渗水用“×”表示，并记录开始渗水时间。
2. 抗渗等级 $P(P=10H-1)$</td></tr>
<tr><td colspan="13">结论：根据 GB/T 50082 评定，该批次混凝土抗渗等级达到 P ____级</td></tr>
</table>

试验人：　　　　　　　　　　　　　　　　　　复核人：

表 A.16　混凝土出厂检验及试件成型记录

试件编号	取样时间	工程名称及结构部位	强度等级	生产配合比编号	代表数量（　　）	坍落度/mm	拌合物和易性能	试件成型组数		试验人	备注
								抗压	抗渗		

试验人：　　　　　　　　　　　　复核人：

表 A. 17　混凝土凝结时间试验记录

<table>
<tr><td colspan="2">设计等级</td><td colspan="7"></td><td colspan="4">试验编号</td><td colspan="4"></td></tr>
<tr><td colspan="2">配合比编号</td><td colspan="7"></td><td colspan="4">试验日期</td><td colspan="4"></td></tr>
<tr><td colspan="2">试验依据</td><td colspan="7">GB/T 50080</td><td colspan="2" rowspan="2">试验环境</td><td colspan="2">温度</td><td colspan="4">℃</td></tr>
<tr><td rowspan="2">主要仪器</td><td>名称</td><td colspan="7">贯入阻力仪、测针、试样筒、5 mm 筛等</td><td colspan="2">湿度</td><td colspan="4">%</td></tr>
<tr><td>状态</td><td colspan="15">使用前：　　　　　　　　　　;使用后：</td></tr>
<tr><td colspan="17">测试结果(拌合物加水时间：　　　　　)</td></tr>
<tr><td rowspan="4">试件1</td><td>A/mm^2</td><td colspan="15"></td></tr>
<tr><td>t/min</td><td></td><td></td><td></td><td></td><td></td><td></td><td></td><td></td><td></td><td></td><td></td><td></td><td></td><td></td><td></td></tr>
<tr><td>P/N</td><td></td><td></td><td></td><td></td><td></td><td></td><td></td><td></td><td></td><td></td><td></td><td></td><td></td><td></td><td></td></tr>
<tr><td>f_{PR}/MPa</td><td></td><td></td><td></td><td></td><td></td><td></td><td></td><td></td><td></td><td></td><td></td><td></td><td></td><td></td><td></td></tr>
<tr><td rowspan="4">试件2</td><td>A/mm^2</td><td colspan="15"></td></tr>
<tr><td>t/min</td><td></td><td></td><td></td><td></td><td></td><td></td><td></td><td></td><td></td><td></td><td></td><td></td><td></td><td></td><td></td></tr>
<tr><td>P/N</td><td></td><td></td><td></td><td></td><td></td><td></td><td></td><td></td><td></td><td></td><td></td><td></td><td></td><td></td><td></td></tr>
<tr><td>f_{PR}/MPa</td><td></td><td></td><td></td><td></td><td></td><td></td><td></td><td></td><td></td><td></td><td></td><td></td><td></td><td></td><td></td></tr>
<tr><td rowspan="4">试件3</td><td>A/mm^2</td><td colspan="15"></td></tr>
<tr><td>t/min</td><td></td><td></td><td></td><td></td><td></td><td></td><td></td><td></td><td></td><td></td><td></td><td></td><td></td><td></td><td></td></tr>
<tr><td>P/N</td><td></td><td></td><td></td><td></td><td></td><td></td><td></td><td></td><td></td><td></td><td></td><td></td><td></td><td></td><td></td></tr>
<tr><td>f_{PR}/MPa</td><td></td><td></td><td></td><td></td><td></td><td></td><td></td><td></td><td></td><td></td><td></td><td></td><td></td><td></td><td></td></tr>
<tr><td colspan="17">采用绘图拟合方法确定，以贯入压力为纵坐标、经过的时间为横坐标，绘制出贯入阻力与时间之间的关系曲线如下：</td></tr>
</table>

项目	1	2	3	代表值
初凝时间/min				
终凝时间/min				

试验人：　　　　　　　　　　　　　　　　　复核人：

表 A.18　骨料含水率试验原始记录

样品名称			样品状态				试验环境		温度：　℃		
									湿度：　%		
主要仪器	名称	天平、烘箱、浅盘等			试验依据		JGJ 52				
	状态	使用前：　　;使用后：			取样日期						
试验日期	种类	规格	湿样质量/g		干样质量/g		含水率/%			试验人	复核人
			1	2	1	2	1	2	平均值		

表 A.19　不合格品及处置记录

序号	材料名称	品种规格	厂家或产地	数量/t	供货车牌号	进场时间	不符合描述	处置情况	试验人	处置人

表 A.20 混凝土含气量试验原始记录

<table>
<tr><td colspan="2">工程名称</td><td colspan="6"></td><td colspan="2">试验编号</td><td colspan="2"></td></tr>
<tr><td colspan="2">结构部位</td><td colspan="6"></td><td colspan="2">配合比编号</td><td colspan="2"></td></tr>
<tr><td colspan="2">设计等级</td><td colspan="6"></td><td colspan="2">试验日期</td><td colspan="2"></td></tr>
<tr><td rowspan="2">主要仪器</td><td>名称</td><td colspan="6">含气量测定仪、橡皮锤、捣棒或振动台等</td><td colspan="2">试验依据</td><td colspan="2">GB/T 50080</td></tr>
<tr><td>状态</td><td colspan="6">使用前：　　　　;使用后：</td><td colspan="2">环境温度</td><td colspan="2">℃</td></tr>
<tr><td colspan="12">一、原材料及配合比</td></tr>
<tr><td colspan="2" rowspan="2">材料名称</td><td rowspan="2">水</td><td rowspan="2">水泥</td><td colspan="2">细骨料</td><td colspan="2">粗骨料</td><td colspan="2">掺合料</td><td colspan="2">外加剂</td></tr>
<tr><td></td><td></td><td></td><td></td><td></td><td></td><td></td><td></td></tr>
<tr><td colspan="2">厂家或产地</td><td></td><td></td><td></td><td></td><td></td><td></td><td></td><td></td><td></td><td></td></tr>
<tr><td colspan="2">品种规格</td><td></td><td></td><td></td><td></td><td></td><td></td><td></td><td></td><td></td><td></td></tr>
<tr><td colspan="2">配合比/（kg/m^3）</td><td></td><td></td><td></td><td></td><td></td><td></td><td></td><td></td><td></td><td></td></tr>
</table>

续表 A. 20

<table>
<tr><td colspan="7">二、混凝土拌合物性能</td></tr>
<tr><td colspan="3">①初始性能</td><td colspan="3">②静置(　　)min 性能</td><td rowspan="2">拌合物温度/℃</td></tr>
<tr><td>坍落度/mm</td><td>扩展度/mm</td><td>和易性</td><td>坍落度/mm</td><td>扩展度/mm</td><td>和易性</td></tr>
<tr><td></td><td></td><td></td><td></td><td></td><td></td><td></td></tr>
</table>

<table>
<tr><td colspan="11">三、含气量测定</td></tr>
<tr><td colspan="11">1. 骨料含气量</td></tr>
<tr><td colspan="2">骨料质量/g</td><td rowspan="2">气室压力/MPa</td><td colspan="3">容器压力/MPa</td><td colspan="4">含气量/%</td></tr>
<tr><td>细骨料</td><td>粗骨料</td><td>P_{g1}</td><td>P_{g2}</td><td>P_{g3}</td><td>A_{g1}</td><td>A_{g2}</td><td>A_{g3}</td><td>平均 A_g</td></tr>
<tr><td></td><td></td><td></td><td></td><td></td><td></td><td></td><td></td><td></td><td></td></tr>
</table>

<table>
<tr><td colspan="8">2. 拌合物含气量</td></tr>
<tr><td rowspan="3">气室压力/MPa</td><td colspan="3">容器压力/MPa</td><td colspan="4">含气量/%</td></tr>
<tr><td>P_{01}</td><td>P_{02}</td><td>P_{03}</td><td>A_{01}</td><td>A_{02}</td><td>A_{03}</td><td>平均 A_0</td></tr>
<tr><td></td><td></td><td></td><td></td><td></td><td></td><td></td></tr>
<tr><td colspan="8">3. 混凝土拌合物最终含气量/%</td></tr>
<tr><td colspan="8">$A=A_0-A_g=$</td></tr>
<tr><td colspan="8">结论：</td></tr>
</table>

试验人：　　　　　　　　　　　　复核人：

表 A.21 混凝土抗冻性能试验原始记录

<table>
<tr><td colspan="2">工程名称</td><td colspan="4"></td><td>配合比设计编号</td><td colspan="2"></td></tr>
<tr><td colspan="2">结构部位</td><td colspan="4"></td><td>试验编号</td><td colspan="2"></td></tr>
<tr><td colspan="2">抗冻标号/抗冻等级</td><td colspan="4"></td><td>成型日期</td><td colspan="2"></td></tr>
<tr><td colspan="2">试验依据</td><td colspan="4">GB/T 50082</td><td>开始试验日期</td><td colspan="2"></td></tr>
<tr><td colspan="2">试验方法</td><td colspan="4"></td><td>结束试验日期</td><td colspan="2"></td></tr>
<tr><td rowspan="2">主要仪器</td><td>状态</td><td colspan="4">使用前：   ;使用后：</td><td>试件规格/mm</td><td colspan="2"></td></tr>
<tr><td>名称</td><td colspan="7"></td></tr>
<tr><td colspan="9">一、标准养护 28 d 试件抗压强度试验</td></tr>
<tr><td>试验日期</td><td colspan="3">破坏荷载/kN</td><td colspan="3">单块强度/MPa</td><td colspan="2">平均强度/MPa</td></tr>
<tr><td></td><td></td><td></td><td></td><td></td><td></td><td></td><td colspan="2"></td></tr>
<tr><td colspan="9">二、对比试件抗压强度试验</td></tr>
<tr><td>试件编号</td><td>试验日期</td><td colspan="3">破坏荷载/kN</td><td colspan="3">单块强度/MPa</td><td>平均强度/MPa</td></tr>
<tr><td></td><td></td><td></td><td></td><td></td><td></td><td></td><td></td><td></td></tr>
<tr><td></td><td></td><td></td><td></td><td></td><td></td><td></td><td></td><td></td></tr>
</table>

续表 A. 21

三、冻融试件试验结果

1. 试件外观检查情况

试件编号	循环次数	检查日期	试验前			冻融结束时		
			1#	2#	3#	1#	2#	3#

2. 抗压强度试验

试件编号	循环次数	试验日期	破坏荷载/kN			单块强度/MPa			平均强度/MPa	强度损失率/%

3. 质量损失试验

试件编号	循环次数	试验日期	试验前试件质量/g			冻融后试件质量/g			质量损失/%			平均质量损失/%
			1#	2#	3#	1#	2#	3#	1#	2#	3#	

4. 动弹性模量

试件编号	循环次数	试验日期	冻融循环前试件横向基频初始值/Hz			冻融循环后试件横向基频值/Hz			相对动弹性模量/%
			1#	2#	3#	1#	2#	3#	

说明：

结论：按__________标准评定，该批混凝土抗冻性能__________

试验人：　　　　　　　　　　复核人：

表 A. 22　混凝土拌合物中水溶性氯离子含量试验原始记录

<table>
<tr><td>样品名称</td><td colspan="3">混凝土拌合物</td><td colspan="2">工程名称及施工部位</td><td></td></tr>
<tr><td>试验环境</td><td colspan="3">温度：　　℃；湿度：　　%</td><td colspan="2">检测日期</td><td></td></tr>
<tr><td>强度等级</td><td colspan="3"></td><td colspan="2">检测依据</td><td>JGJ/T 322</td></tr>
<tr><td colspan="7">主要设备情况</td></tr>
<tr><td rowspan="2">主要仪器</td><td>名称</td><td colspan="5"></td></tr>
<tr><td>状态</td><td colspan="5">使用前：　　　　；使用后：</td></tr>
<tr><td colspan="7">检测内容</td></tr>
<tr><td>滤液的氯离子浓度 C_{Cl^-}/(mol/L)</td><td>每立方米混凝土的砂用量 m_S/kg</td><td>每立方米混凝土的水泥用量 m_C/kg</td><td>每立方米混凝土的胶凝材料用量 m_B/kg</td><td>每立方米混凝土的用水量 m_W/kg</td><td>每立方米混凝土拌合物中水溶性氯离子质量 m_{Cl^-}/kg</td><td>混凝土拌合物中水溶性氯离子占水泥质量的百分比 w_{Cl^-}/%</td></tr>
<tr><td></td><td></td><td></td><td></td><td></td><td></td><td></td></tr>
<tr><td colspan="7">每立方米混凝土拌合物中水溶性氯离子质量(kg)，精确至 0.01 kg：</td></tr>
<tr><td colspan="7">$m_{Cl^-}=C_{Cl^-}\times 0.035\ 45\times(m_B+m_S+2m_W)$</td></tr>
<tr><td colspan="7">混凝土拌合物中水溶性氯离子占水泥质量的百分比(%)，精确至 0.001%：</td></tr>
<tr><td colspan="7">$w_{Cl^-}=m_{Cl^-}/m_C\times 100$</td></tr>
<tr><td rowspan="2">说明</td><td colspan="6">依据混凝土氯离子含量快速测定仪测得滤液的氯离子浓度为　　　　mol/L</td></tr>
<tr><td colspan="6">通过以上计算得出每立方米混凝土拌合物中水溶性氯离子含量为　　　　<0.2%</td></tr>
<tr><td colspan="7">结论：</td></tr>
</table>

试验人：　　　　　　　　　　　　　　复核人：

表 A.23　水泥试验报告

施工单位		报告编号	
工程名称		试验编号	
结构部位		取样日期	
品种等级		试验日期	
生产厂家		报告日期	
出厂编号		代表数量	t
试验依据	GB/T 17671、GB/T 1346	样品状态	

试验项目		技术要求		试验结果	单项结论
安定性		沸煮法合格			
凝结时间/min	初凝	≥45			
	终凝	硅酸盐水泥≤390			
		其他通用硅酸盐水泥≤600			
烧失量/%		P·Ⅰ	≤3.0		
		P·Ⅱ	≤3.5		
		P·O	≤5.0		

强度	技术要求（硅酸盐水泥与普通硅酸盐水泥）	强度等级	抗压强度/MPa		抗折强度/MPa	
			3 d	28 d	3 d	28 d
		42.5	≥17.0	42.5	≥3.5	≥6.5
		42.5R	≥22.0		≥4.0	
		52.5	≥23.0	52.5	≥4.0	≥7.0
		52.5R	≥27.0		≥5.0	
	试验结果					
	单项结论					
声明	本报告复印件需加盖本室“试验报告专用章”方为有效					
结论：根据 GB 175 标准评定，该批水泥所检项目符合____级技术要求						

试验人：　　　　审核人：　　　　批准人：　　　　试验单位：

表 A.24　细骨料试验报告

施工单位		报告编号	
工程名称		试验编号	
结构部位		取样日期	
品种规格		试验日期	
产地		报告日期	
样品状态		代表数量	t
试验依据	JGJ 52		

试验项目	标准要求				试验结果	单项结论
含泥量/%	≥C60	C55~C30	≤C25			
	≤2.0	≤3.0	≤5.0			
泥块含量/%	≥C60	C55~C30	≤C25			
	≤0.5	≤1.0	≤2.0			
石粉含量/%	混凝土强度等级	≥C60	C55~C30	≤C25		
	MB<1.40	≤5.0	≤7.0	≤10.0		
	MB≥1.40	≤2.0	≤3.0	≤5.0		
细度模数 μ_f	粗砂	中砂	细砂	特细砂		
	3.7~3.1	3.0~2.3	2.2~1.6	1.5~0.7		
总压碎值	≤ 30%					
亚甲蓝 MB 值	—					

颗粒级配								
公称粒径			5.00 mm	2.50 mm	1.25 mm	630 μm	315 μm	160 μm
累计筛余百分率/%	标准范围	Ⅰ区	0~10	5~35	35~65	71~85	80~95	90~100
		Ⅱ区	0~10	0~25	10~50	41~70	70~92	90~100
		Ⅲ区	0~10	0~15	0~25	16~40	55~85	90~100
	实测值							
声明	本报告复印件需加盖本室“试验报告专用章”方为有效							
结论：根据 JGJ 52 标准评定，该批________区颗粒级配，其他所检项目__________								

试验人：　　　　审核人：　　　　批准人：　　　　试验单位：

表 A.25　粗骨料试验报告

施工单位		报告编号	
工程名称		试验编号	
结构部位		取样日期	
品种规格		试验日期	
产地		报告日期	
样品状态		代表数量	t
试验依据	JGJ 52		

试验项目	标准要求			试验结果	单项结论
压碎指标值(沉积岩,%)	C60～C40	≤C35			
	≤10	≤16			
含泥量/%	≥C60	C55～C30	≤C25		
	≤0.5	≤1.0	≤2.0		
泥块含量/%	≥C60	C55～C30	≤C25		
	≤0.2	≤0.5	≤0.7		
针片状颗粒含量/%	≥C60	C55～C30	≤C25		
	≤8	≤15	≤25		

颗粒级配									
标准要求	级配情况	公称粒径/mm	累计筛余百分率,按质量计/%						
			方孔筛筛孔边长尺寸/mm						
			2.36	4.75	9.5	16.0	19.0	26.5	31.5
	连续粒级	5～10	95～100	80～100	0～15	0	—	—	—
		5～20	95～100	90～100	40～80	—	0～10	0	—
		5～25	95～100	90～100	—	30～70	—	0～5	0
试验结果/%									
声明	本报告复印件需加盖本室“试验报告专用章”方为有效								

结论:根据 JGJ 52,该批__________,其他所检项目综合评定__________混凝土用石要求

试验人:　　审核人:　　批准人:　　试验单位:

表 A.26 粉煤灰试验报告

<table>
<tr><td>施工单位</td><td colspan="3"></td><td>报告编号</td><td></td></tr>
<tr><td>工程名称</td><td colspan="3"></td><td>试验编号</td><td></td></tr>
<tr><td>结构部位</td><td colspan="3"></td><td>取样日期</td><td></td></tr>
<tr><td>类别等级</td><td colspan="3"></td><td>试验日期</td><td></td></tr>
<tr><td>生产厂家</td><td colspan="3"></td><td>报告日期</td><td></td></tr>
<tr><td>出厂批号</td><td colspan="3"></td><td>代表数量</td><td>t</td></tr>
<tr><td>试验依据</td><td colspan="3">GB/T 1596、GB/T 176、GB/T 1345、GB/T 241、GB/T 17671</td><td>样品状态</td><td></td></tr>
<tr><td rowspan="2">试验项目</td><td colspan="3">标准规定值</td><td rowspan="2">试验结果</td><td rowspan="2">单项结论</td></tr>
<tr><td>Ⅰ 级</td><td>Ⅱ 级</td><td>Ⅲ 级</td></tr>
<tr><td>细度/%</td><td>≤12.0</td><td>≤30.0</td><td>≤45.0</td><td></td><td></td></tr>
<tr><td>烧失量/%</td><td>≤5.0</td><td>≤8.0</td><td>≤10.0</td><td></td><td></td></tr>
<tr><td>需水量比/%</td><td>≤95</td><td>≤105</td><td>≤115</td><td></td><td></td></tr>
<tr><td>含水率/%</td><td colspan="3">≤1.0</td><td></td><td></td></tr>
<tr><td>活性指数/%</td><td colspan="3">≥70</td><td></td><td></td></tr>
<tr><td>声明</td><td colspan="5">本报告复印件需加盖本室“试验报告专用章”方为有效</td></tr>
<tr><td colspan="6">结论：按 GB/T 1596 评定，该批粉煤灰所检项目__________类__________级质量标准要求</td></tr>
</table>

试验人： 审核人： 批准人： 试验单位：

表 A.27 矿渣粉试验报告

<table>
<tr><td colspan="2">施工单位</td><td colspan="3"></td><td>报告编号</td><td></td></tr>
<tr><td colspan="2">工程名称</td><td colspan="3"></td><td>试验编号</td><td></td></tr>
<tr><td colspan="2">结构部位</td><td colspan="3"></td><td>取样日期</td><td></td></tr>
<tr><td colspan="2">产品等级</td><td colspan="3"></td><td>试验日期</td><td></td></tr>
<tr><td colspan="2">生产厂家</td><td colspan="3"></td><td>报告日期</td><td></td></tr>
<tr><td colspan="2">出厂编号</td><td colspan="3"></td><td>代表数量</td><td>t</td></tr>
<tr><td colspan="2">试验依据</td><td colspan="3">GB/T 18046、GB/T 176、GB/T 17671、GB/T 2419</td><td>样品状态</td><td></td></tr>
<tr><td colspan="2" rowspan="2">试验项目</td><td colspan="3">标准规定值</td><td rowspan="2">试验结果</td><td rowspan="2">单项结论</td></tr>
<tr><td>S105</td><td>S95</td><td>S75</td></tr>
<tr><td colspan="2">比表面积/(m^2/kg),≥</td><td>500</td><td>400</td><td>300</td><td></td><td></td></tr>
<tr><td rowspan="2">活性指数/%,≥</td><td>7 d</td><td>95</td><td>70</td><td>55</td><td></td><td></td></tr>
<tr><td>28 d</td><td>105</td><td>95</td><td>75</td><td></td><td></td></tr>
<tr><td colspan="2">烧失量/%,≤</td><td colspan="3">1.0</td><td></td><td></td></tr>
<tr><td colspan="2">流动度比/%,≥</td><td colspan="3">95</td><td></td><td></td></tr>
<tr><td colspan="2">含水率/%,≤</td><td colspan="3">1.0</td><td></td><td></td></tr>
<tr><td colspan="2">声明</td><td colspan="5">本报告复印件需加盖本室“试验报告专用章”方为有效</td></tr>
<tr><td colspan="7">结论:根据 GB/T 18046 标准评定,该批矿渣粉所检项目__________级技术要求</td></tr>
</table>

试验人:　　　审核人:　　　批准人:　　　试验单位:

表 A.28　混凝土减水剂试验报告

施工单位				报告编号	
工程名称				试验编号	
结构部位				取样日期	
规格型号				试验日期	
生产厂家				报告日期	
出厂编号				代表数量	t
试验依据	GB 8076、GB/T 50080、GB/T 50081			样品状态	
检验项目		标准要求值		试验结果	单项结论
		标准型	缓凝型		
凝结时间之差/min	初凝	−90～+120	>+90		
	终凝	−90～+120	—		
抗压强度比/%，≥	1 d	140	—		
	3 d	130	—		
	7 d	125	125		
	28 d	120	120		
减水率/%，≥		14	14		
泌水率比/%，≤		90	100		
备注	本试验报告以高效减水剂为例，减水剂掺量为水泥质量的____%				
声明	本报告复印件需加盖本室“试验报告专用章”方为有效				
结论：根据 GB 8076 标准评定，该批减水剂所检项目__________规定要求					

试验人：　　　审核人：　　　批准人：　　　试验单位：

表 A.29 混凝土膨胀剂试验报告

施工单位				报告编号	
工程名称				试验编号	
结构部位				取样日期	
生产厂家				试验日期	
品种型号				报告日期	
出厂编号				代表数量	t
试验依据	GB/T 23439、GB/T 17671、GB/T 1346、GB/T 1345			样品状态	
检验项目		标准规定值		试验结果	单项结论
		Ⅰ型	Ⅱ型		
限制膨胀率/%	水中 7 d,≥	0.035	0.050		
	空气中 21 d,≥	-0.015	-0.010		
细度/%	1.18 mm 筛筛余,≤	0.5			
凝结时间/min	初凝,≥	45			
	终凝,≤	600			
抗压强度/MPa	7 d,≥	22.5			
	28 d,≥	42.5			
声明	本报告复印件需加盖本室“试验报告专用章”方为有效				
结论:根据 GB/T 23439 标准,该批混凝土膨胀剂所检项目________要求					

试验人:　　审核人:　　批准人:　　试验单位:

表 A.30　混凝土防冻剂试验报告

<table>
<tr><td colspan="2">施工单位</td><td colspan="5"></td><td colspan="2">报告编号</td><td colspan="2"></td></tr>
<tr><td colspan="2">工程名称</td><td colspan="5"></td><td colspan="2">试验编号</td><td colspan="2"></td></tr>
<tr><td colspan="2">结构部位</td><td colspan="5"></td><td colspan="2">取样日期</td><td colspan="2"></td></tr>
<tr><td colspan="2">产品型号</td><td colspan="5"></td><td colspan="2">试验日期</td><td colspan="2"></td></tr>
<tr><td colspan="2">生产厂家</td><td colspan="5"></td><td colspan="2">报告日期</td><td colspan="2"></td></tr>
<tr><td colspan="2">出厂编号</td><td colspan="5"></td><td colspan="2">代表数量</td><td colspan="2">t</td></tr>
<tr><td colspan="2">试验依据</td><td colspan="5">GB 8076、JC 475、GB/T 50080、GB/T 50081</td><td colspan="2">样品状态</td><td colspan="2"></td></tr>
<tr><td colspan="2" rowspan="2">检验项目</td><td rowspan="2">单位</td><td colspan="6">标准规定值</td><td rowspan="2">试验结果</td><td rowspan="2">单项结论</td></tr>
<tr><td colspan="3">一等品</td><td colspan="3">合格品</td></tr>
<tr><td colspan="2">减水率</td><td>%,≥</td><td colspan="3">10</td><td colspan="3">—</td><td></td><td></td></tr>
<tr><td colspan="2">泌水率比</td><td>%,≤</td><td colspan="3">80</td><td colspan="3">100</td><td></td><td></td></tr>
<tr><td rowspan="2">凝结时间差</td><td>初凝</td><td rowspan="2">min</td><td colspan="3" rowspan="2">-150~+150</td><td colspan="3" rowspan="2">-210~+210</td><td></td><td></td></tr>
<tr><td>终凝</td><td></td><td></td></tr>
<tr><td colspan="2">含气量</td><td>%,≥</td><td colspan="3">2.5</td><td colspan="3">2.0</td><td></td><td></td></tr>
<tr><td colspan="2" rowspan="4">抗压强度比/%,≥</td><td>规定温度/℃</td><td>-5</td><td>-10</td><td>-15</td><td>-5</td><td>-10</td><td>-15</td><td></td><td></td></tr>
<tr><td>R_{-7}</td><td>20</td><td>12</td><td>10</td><td>20</td><td>10</td><td>8</td><td></td><td></td></tr>
<tr><td>R_{28}</td><td>100</td><td>100</td><td>95</td><td>95</td><td>95</td><td>90</td><td></td><td></td></tr>
<tr><td>R_{-7+28}</td><td>95</td><td>90</td><td>85</td><td>90</td><td>85</td><td>80</td><td></td><td></td></tr>
<tr><td colspan="2">声明</td><td colspan="9">本报告复印件需加盖本室“试验报告专用章”方为有效</td></tr>
<tr><td colspan="11">结论：根据 JC 475 标准评定，该批防冻剂所检项目＿＿＿＿＿标准规定要求</td></tr>
</table>

试验人：　　　审核人：　　　批准人：　　　试验单位：

表 A.31　混凝土抗压强度试验报告

施工单位		报告编号	
工程名称		成型日期	
结构部位		试验日期	
强度等级		报告日期	
试验依据	GB/T 50081	养护条件	标准养护

试件编号	试件尺寸/mm	龄期/d	抗压强度/MPa				达设计标准值的百分率/%
			单块值			平均值	
声明	本报告复印件需加盖本室“试验报告专用章”方为有效						

试验人：　　　　审核人：　　　　批准人：　　　　试验单位：

表 A.32　混凝土抗渗性能试验报告

施工单位				报告编号	
工程名称				试验编号	
结构部位				配合比编号	
设计等级				成型日期	
试验依据	GB/T 50082			试验日期	
养护条件	标准养护			报告日期	
试件状态				龄期/d	
试件序号	1	2	3	4	5	6
最大水压力/MPa						
渗水情况						
声明	本报告复印件需加盖本室“试验报告专用章”方为有效					
结论：依据 GB/T 50082 标准，该批混凝土抗渗性能__________						

试验人：　　　审核人：　　　批准人：　　　试验单位：

表 A.33　混凝土凝结时间试验报告

工程名称		报告编号	
结构部位		试验日期	
强度等级		报告日期	
配合比设计编号		试验依据	GB/T 50080

一、配合比

材料名称	水	水泥	细骨料		粗骨料		掺合料		外加剂	
配合比/(kg/m^3)										

二、试验结果

项目	1	2	3	代表值
初凝时间/min				
终凝时间/min				

结论：

试验人：　　审核人：　　批准人：　　试验单位：

表 A.34　混凝土含气量试验报告

施工单位		报告编号	
工程名称		试验日期	
工程部位		报告日期	
强度等级		试验依据	GB/T 50080

一、骨料含气量

细骨料重/g	粗骨料重/g	气室压力/MPa	气室压力进入容器后压力/MPa			含气量 A_g/%
			1	2	平均值	

二、混凝土含气量

1. 配合比

材料名称	水	水泥	细骨料		粗骨料		掺合料		外加剂	
配合比/(kg/m^3)										

2. 含气量

气室压力/MPa	气室压力进入容器后压力/MPa			含气量 A_0/%
	1	2	平均值	

三、混凝土含气量计算

$$A = A_0 - A_g =$$

结论:依据 GB/T 14902 标准,该批混凝土含气量__________

试验人:　　审核人:　　批准人:　　试验单位:

表 A.35　混凝土抗压强度统计评定(一)

施工单位		生产量/m^3	
工程名称		龄期/d	
结构部位		供货日期	
强度等级		评定日期	
配合比编号		执行标准	GB/T 50107

一、混凝土抗压强度值/MPa

序号	试件编号	强度值	序号	试件编号	强度值	序号	试件编号	强度值
1			13			25		
2			14			26		
3			15			27		
4			16			28		
5			17			29		
6			18			30		
7			19			31		
8			20			32		
9			21			33		
10			22			34		
11			23			35		
12			24			36		

二、混凝土强度统计结果

试件组数	平均值/MPa	最小值/MPa	最大值/MPa	标准差/MPa	变异系数/%

三、混凝土强度评定计算结果

统计方法评定(试件≥10组时)	非统计方法评定(试件<10组时)
评定公式: $m_{f_{cu}} \geqslant f_{cu,k} + \lambda_1 S_{f_{cu}}$　(1) $f_{cu,min} \geqslant \lambda_2 f_{cu,k}$　(2) 计算结果: (1) (2)	评定公式: $m_{f_{cu}} \geqslant \lambda_3 f_{cu,k}$　(3) $f_{cu,min} \geqslant \lambda_4 f_{cu,k}$　(4) 计算结果: (3) (4)

结论	按 GB/T 50107 标准,该检验批混凝土抗压强度评定为:____
备注	该表适用于为需方出资料

评定人:　　　审核人:　　　批准人:　　　评定单位:

表 A.35　　年　　月混凝土抗压强度统计评定（二）

强度等级		评定日期	
混凝土种类		养护龄期	
强度统计周期	年　　月　　日～　　　年　　月　　日		

一、混凝土抗压强度值/MPa

序号	试件编号	强度值	序号	试件编号	强度值	序号	试件编号	强度值
1			17			33		
2			18			34		
3			19			35		
4			20			36		
5			21			37		
6			22			38		
7			23			39		
8			24			40		
9			25			41		
10			26			42		
11			27			43		
12			28			44		
13			29			45		
14			30			46		
15			31			47		
16			32			48		

二、混凝土强度统计结果

试件组数	平均值/MPa	最小值/MPa	最大值/MPa	标准差/MPa	变异系数/%

三、混凝土强度评定计算结果

统计方法评定（试件≥10 组时）	非统计方法评定（试件<10 组时）
评定公式： $m_{f_{cu}} \geqslant f_{cu,k} + \lambda_1 S_{f_{cu}}$　　(1) $f_{cu,min} \geqslant \lambda_2 f_{cu,k}$　　(2) 计算结果： (1) (2)	评定公式： $m_{f_{cu}} \geqslant \lambda_3 f_{cu,k}$　　(3) $f_{cu,min} \geqslant \lambda_4 f_{cu,k}$　　(4) 计算结果： (3) (4)

结论	按 GB/T 50107 标准，该统计周期混凝土抗压强度评定为：_____
备注	该表适用于预拌混凝土生产企业统计

评定人：　　　审核人：　　　批准人：　　　评定单位：

表 A. 36　混凝土抗冻性能试验报告

<table>
<tr><td>施工单位</td><td colspan="6"></td><td>报告编号</td><td colspan="2"></td></tr>
<tr><td>工程名称</td><td colspan="6"></td><td>试验编号</td><td colspan="2"></td></tr>
<tr><td>结构部位</td><td colspan="6"></td><td>成型日期</td><td colspan="2"></td></tr>
<tr><td>抗冻标号/
抗冻等级</td><td colspan="6"></td><td>试验日期</td><td colspan="2"></td></tr>
<tr><td>试验依据</td><td colspan="6"></td><td>报告日期</td><td colspan="2"></td></tr>
<tr><td>试件规格</td><td colspan="6"></td><td>试件试验
前外观</td><td colspan="2"></td></tr>
<tr><td rowspan="3">试验项目</td><td rowspan="3">冻融循
环次数</td><td rowspan="3">试件编号</td><td rowspan="3">试验日期</td><td colspan="6">抗压强度/MPa</td></tr>
<tr><td rowspan="2">1#</td><td rowspan="2">2#</td><td rowspan="2">3#</td><td rowspan="2">平均值</td><td colspan="2">强度损失率/%</td></tr>
<tr><td>标准要求</td><td>测试值</td></tr>
<tr><td>28 d 标养试件</td><td>—</td><td></td><td></td><td></td><td></td><td></td><td></td><td></td><td></td></tr>
<tr><td rowspan="2">对比试件</td><td>—</td><td></td><td></td><td></td><td></td><td></td><td></td><td></td><td></td></tr>
<tr><td>—</td><td></td><td></td><td></td><td></td><td></td><td></td><td></td><td></td></tr>
</table>

续表 A.36

<table>
<tr><td rowspan="2">冻融试件</td><td></td><td></td><td></td><td></td><td></td><td></td><td></td><td></td><td></td></tr>
<tr><td></td><td></td><td></td><td></td><td></td><td></td><td></td><td></td><td></td></tr>
</table>

<table>
<tr><td rowspan="3">冻融循环次数</td><td rowspan="3">试件编号</td><td colspan="4">动弹性模量</td><td colspan="4">试件质量损失</td></tr>
<tr><td rowspan="2">冻融循环前试件横向基频初始值/Hz</td><td rowspan="2">冻融循环后试件横向基频值/Hz</td><td colspan="2">相对动弹性模量/%</td><td rowspan="2">冻融前试件质量/kg</td><td rowspan="2">冻融后试件质量/kg</td><td colspan="2">冻融后试件质量损失率/%</td></tr>
<tr><td>标准要求</td><td>测试值</td><td>标准要求</td><td>测试值</td></tr>
<tr><td rowspan="4"></td><td>1#</td><td></td><td></td><td rowspan="4"></td><td rowspan="4"></td><td></td><td></td><td rowspan="4"></td><td rowspan="4"></td></tr>
<tr><td>2#</td><td></td><td></td><td></td><td></td></tr>
<tr><td>3#</td><td></td><td></td><td></td><td></td></tr>
<tr><td>平均</td><td></td><td></td><td></td><td></td></tr>
<tr><td colspan="10">结论:按________标准评定,该批混凝土抗冻性能________设计要求</td></tr>
</table>

试验人:　　　　审核人:　　　　批准人:　　　　试验单位:

表 A.37　混凝土拌合物中水溶性氯离子试验报告

<table>
<tr><td colspan="2">施工单位</td><td colspan="4"></td><td colspan="2">报告编号</td><td colspan="2"></td></tr>
<tr><td colspan="2">工程名称</td><td colspan="4"></td><td colspan="2">试验日期</td><td colspan="2"></td></tr>
<tr><td colspan="2">工程部位</td><td colspan="4"></td><td colspan="2">报告日期</td><td colspan="2"></td></tr>
<tr><td colspan="2">强度等级</td><td colspan="4"></td><td colspan="2">试验依据</td><td colspan="2">JGJ/T 322</td></tr>
<tr><td colspan="10">混凝土材料用量/(kg/m^3)</td></tr>
<tr><td rowspan="2">水</td><td rowspan="2">水泥</td><td colspan="2">细骨料</td><td colspan="2">粗骨料</td><td colspan="2">掺合料</td><td colspan="2">外加剂</td></tr>
<tr><td></td><td></td><td></td><td></td><td></td><td></td><td></td><td></td></tr>
<tr><td></td><td></td><td></td><td></td><td></td><td></td><td></td><td></td><td></td><td></td></tr>
<tr><td colspan="10">试验结果</td></tr>
<tr><td colspan="3">试验项目</td><td colspan="3">技术要求</td><td colspan="2">实测值</td><td colspan="2">单项判定</td></tr>
<tr><td colspan="3"></td><td colspan="3"></td><td colspan="2"></td><td colspan="2"></td></tr>
<tr><td colspan="10">结论：按 GB 55008 标准评定，所检混凝土拌合物中水溶性氯离子________要求</td></tr>
<tr><td colspan="2">备注</td><td colspan="8"></td></tr>
</table>

试验人：　　　　审核人：　　　　批准人：　　　　试验单位：

表 A. 38　水泥试验台账

序号	样品编号	生产厂家	品种等级	试验日期	报告编号	试验参数	试验结论	备注

填表人：　　　　　　　　　　　　复核人：

表 A.39　细骨料试验台账

序号	样品编号	种类规格	产地	试验日期	报告编号	试验参数	试验结论	备注

填表人：　　　　　　　　复核人：

表 A.40　粗骨料试验台账

序号	样品编号	种类规格	产地	试验日期	报告编号	试验参数	试验结论	备注

填表人：　　　　　　　　　　复核人：

表 A.41　粉煤灰试验台账

序号	样品编号	类别等级	生产厂家	试验日期	报告编号	试验参数	试验结论	备注

填表人：　　　　　　　　　　复核人：

表 A. 42　矿渣粉试验台账

序号	样品编号	级别	生产厂家	试验日期	报告编号	试验参数	试验结论	备注

填表人：　　　　　　　　　　复核人：

表 A. 43　混凝土减水剂试验台账

序号	样品编号	品种型号	生产厂家	试验日期	报告编号	试验参数	试验结论	备注

填表人：　　　　　　　　复核人：

表 A.44　混凝土膨胀剂试验台账

序号	样品编号	规格型号	生产厂家	试验日期	报告编号	试验参数	试验结论	备注

填表人：　　　　　　　　复核人：

表 A. 45　混凝土防冻剂试验台账

序号	样品编号	规格型号	生产厂家	试验日期	报告编号	试验参数	试验结论	备注

填表人：　　　　　　　　复核人：

表 A.46　混凝土抗压强度试验台账

序号	试件编号	强度等级	成型日期	报告编号	抗压强度/MPa		备注
					7 d	28 d	

填表人：　　　　　　　　　　　　复核人：

表 A.47　混凝土抗渗性能试验台账

序号	试件编号	抗渗等级	成型日期	报告编号	试验结果	试验结论	备注

填表人：　　　　　　　　　　复核人：

表 A.48　混凝土凝结时间试验台账

序号	工程名称	结构部位	强度等级	试验日期	配合比设计编号	试验编号	报告编号	凝结时间/min		备注
								初凝	终凝	

填表人：　　　　　　　　　　复核人：

表 A. 49　混凝土含气量试验台账

序号	工程名称	结构部位	强度等级	试验日期	配合比设计编号	试验编号	报告编号	含气量/%	备注

填表人：　　　　　　　　复核人：

表 A.50 混凝土抗冻性能试验台账

序号	工程名称	结构部位	强度等级	试验日期	配合比设计编号	试验编号	报告编号	试验结果	备注

填表人：　　　　　　　　复核人：

表 A.51 混凝土拌合物中水溶性氯离子试验台账

序号	工程名称	结构部位	强度等级	试验日期	配合比设计编号	试验编号	报告编号	试验结果	备注

填表人：　　　　　　　　　　复核人：

附录B 原材料管理资料表格

表B.1 原材料进场台账

序号	材料名称	厂家或产地	品种级别	出厂批号	数量/t	进场日期	出厂日期	合格证号	出厂检验报告	试验编号	复验情况	记录人

表 B.2　原材料进场样品取样登记表

序号	材料名称	厂家或产地	品种级别	出厂批号	代表数量	进场日期	取样日期	样品编号	取样人	备注

表 B.3　原材料留样及处置登记表

序号	样品名称	品种规格	厂家或产地	出厂编号	样品编号	试验编号	留样日期	保管与处置人	处置日期	处置批准人

附录 C　产品交货质量管理资料表格

表 C.1　预拌混凝土开盘鉴定

鉴定编号：

<table>
<tr><td>施工单位</td><td colspan="8"></td><td colspan="3">配合比编号</td><td colspan="2"></td></tr>
<tr><td>工程名称</td><td colspan="8"></td><td colspan="3">鉴定日期</td><td colspan="2"></td></tr>
<tr><td>浇筑部位</td><td colspan="8"></td><td colspan="3">设计坍落度</td><td colspan="2"></td></tr>
<tr><td>设计等级</td><td colspan="8"></td><td colspan="3">其他要求</td><td colspan="2"></td></tr>
<tr><td colspan="11">一、混凝土原材料及配合比/(kg/m³)</td></tr>
<tr><td rowspan="2">材料名称</td><td rowspan="2">水</td><td rowspan="2">水泥</td><td colspan="2">细骨料</td><td colspan="2">粗骨料</td><td colspan="2">矿物掺合料</td><td colspan="2">外加剂</td></tr>
<tr><td></td><td></td><td></td><td></td><td></td><td></td><td></td><td></td></tr>
<tr><td>厂家或产地</td><td></td><td></td><td></td><td></td><td></td><td></td><td></td><td></td><td></td><td></td></tr>
<tr><td>规格型号</td><td></td><td></td><td></td><td></td><td></td><td></td><td></td><td></td><td></td><td></td></tr>
<tr><td>设计配合比</td><td></td><td></td><td></td><td></td><td></td><td></td><td></td><td></td><td></td><td></td></tr>
<tr><td>生产配合比</td><td></td><td></td><td></td><td></td><td></td><td></td><td></td><td></td><td></td><td></td></tr>
<tr><td>备注</td><td colspan="10">细骨料含水率：　　　%；细骨料含石量：　　　%；
粗骨料含水率：　　%</td></tr>
</table>

续表 C.1

<table>
<tr><td colspan="8">二、鉴定结果</td></tr>
<tr><td rowspan="2">鉴定项目</td><td colspan="3">拌合物工作性</td><td colspan="3">抗压强度/MPa</td><td rowspan="2">原材料与设计配合比是否相符</td></tr>
<tr><td>坍落度/mm</td><td>黏聚性</td><td>保水性</td><td>试块编号</td><td>标准养护7 d</td><td>标准养护28 d</td></tr>
<tr><td>设计值</td><td></td><td></td><td></td><td></td><td></td><td></td><td></td></tr>
<tr><td>实测值</td><td></td><td></td><td></td><td></td><td></td><td></td><td></td></tr>
<tr><td>评定</td><td></td><td></td><td></td><td></td><td></td><td></td><td></td></tr>
<tr><td>鉴定意见</td><td></td><td></td><td></td><td></td><td></td><td></td><td></td></tr>
<tr><td colspan="8">三、参加开盘鉴定单位代表签字、盖章</td></tr>
<tr><td colspan="3">监理单位:</td><td colspan="3">施工单位:</td><td colspan="2">生产单位:</td></tr>
</table>

注:对首次使用的混凝土配合比应进行开盘鉴定;开盘鉴定应由供货方技术负责人或专项试验室主任组织有关试验、质检、生产等人员参加,必要时建设、施工及监理等单位技术人员可参加开盘鉴定。

表 C.2　预拌混凝土出厂合格证

合格证编号：

<table>
<tr><td>需方</td><td colspan="3"></td><td colspan="2">合同编号</td><td colspan="3"></td><td colspan="2">混凝土标记</td><td></td></tr>
<tr><td>工程名称</td><td colspan="3"></td><td colspan="2">供货日期</td><td colspan="3"></td><td colspan="2">配合比编号</td><td></td></tr>
<tr><td>浇筑部位</td><td colspan="3"></td><td colspan="2">供货量</td><td colspan="3"></td><td colspan="2">执行标准</td><td></td></tr>
<tr><td colspan="12">原材料及配合比</td></tr>
<tr><td rowspan="2">材料名称</td><td rowspan="2">水泥</td><td colspan="2">细骨料</td><td colspan="2">粗骨料</td><td rowspan="2">水</td><td colspan="2">掺合料</td><td colspan="3">外加剂</td></tr>
<tr><td></td><td></td><td></td><td></td><td></td><td></td><td></td><td></td><td></td></tr>
<tr><td>厂家或产地</td><td></td><td></td><td></td><td></td><td></td><td></td><td></td><td></td><td></td><td></td><td></td></tr>
<tr><td>规格型号</td><td></td><td></td><td></td><td></td><td></td><td></td><td></td><td></td><td></td><td></td><td></td></tr>
<tr><td>复试报告编号</td><td></td><td></td><td></td><td></td><td></td><td></td><td></td><td></td><td></td><td></td><td></td></tr>
<tr><td>用量/(kg/m^3)</td><td></td><td></td><td></td><td></td><td></td><td></td><td></td><td></td><td></td><td></td><td></td></tr>
<tr><td>性能项目</td><td colspan="2">坍落度/mm</td><td colspan="2">抗压强度/MPa</td><td colspan="2">抗渗性</td><td colspan="2">抗冻性</td><td colspan="2">其他性能</td><td></td></tr>
<tr><td>性能指标</td><td colspan="2"></td><td colspan="2"></td><td colspan="2"></td><td colspan="2"></td><td colspan="2"></td><td></td></tr>
<tr><td>检验结果</td><td colspan="2"></td><td colspan="2"></td><td colspan="2"></td><td colspan="2"></td><td colspan="2"></td><td></td></tr>
<tr><td>质量评定</td><td colspan="2"></td><td colspan="2"></td><td colspan="2"></td><td colspan="2"></td><td colspan="2"></td><td></td></tr>
<tr><td>备注</td><td colspan="11">1. 本出厂合格证应在有关项目完成后一周内交给需方；
2. 本出厂合格证由预拌混凝土供应单位提供一式肆份原件，混凝土生产企业和需方、建设单位、监理单位各执一份</td></tr>
</table>

供方：　　技术负责人：　　填表人：　　日期：

表 C.3 预拌混凝土现场交货检验记录

（封面）

需方		浇筑方式		
供方		计划供货量		m^3
建设或监理		施工要求坍落度		± mm
工程名称		交货时间	起	年 月 日 时 分
浇筑部位			止	年 月 日 时 分
交货地点		试件成型	方法	□ 人工插捣 □ 振动台成型
运距/km			尺寸	mm
强度等级			数量	
标准养护单位	□ 施工单位 □ 检测单位			
天气情况	气温： ~ ℃；风力： ~ 级；□晴、□阴、□多云、□雨（小、中、大、暴）、□雪（小、中、大、暴）			
其他				

续表 C.3

共　　页第　　页

车次	车牌号	本车方量/m^3	出厂时间	进场时间	卸完时间	实测坍落度/mm	拌合物和易性	交货检验参加人员签字			备注
								建设或监理见证人	需方	供方	

附录 D 人员管理资料表格

表 D.1 人员履历表

<table>
<tr><td>姓名</td><td></td><td>性别</td><td></td><td>出生年月</td><td></td><td rowspan="4">贴照片处</td></tr>
<tr><td>职务</td><td></td><td>职称</td><td></td><td>学历</td><td></td></tr>
<tr><td colspan="2">何时/何校/何专业毕业</td><td colspan="2"></td><td>专业</td><td></td></tr>
<tr><td colspan="2">试验工作年限</td><td colspan="2"></td><td>移动电话</td><td></td></tr>
<tr><td rowspan="5">工作简历</td><td colspan="3">由何年何月至何年何月</td><td colspan="3">在何单位、从事何工作、任何职</td></tr>
<tr><td colspan="3"></td><td colspan="3"></td></tr>
<tr><td colspan="3"></td><td colspan="3"></td></tr>
<tr><td colspan="3"></td><td colspan="3"></td></tr>
<tr><td colspan="3"></td><td colspan="3"></td></tr>
<tr><td rowspan="5">培训情况</td><td colspan="3">培训日期</td><td colspan="3">培训内容</td></tr>
<tr><td colspan="3"></td><td colspan="3"></td></tr>
<tr><td colspan="3"></td><td colspan="3"></td></tr>
<tr><td colspan="3"></td><td colspan="3"></td></tr>
<tr><td colspan="3"></td><td colspan="3"></td></tr>
</table>

续表 D.1

业绩成果	
荣誉	
著作及论文	

填表人：　　　　　　　　　　　　　　　　年　　月　　日

表 D.2 ________年度人员培训计划一览表

序号	培训内容	涉及人员	时间	形式

编制人： 批准人： 年 月 日

表 D.3 ________年度人员培训计划实施记录

<table>
<tr><td>培训目的</td><td colspan="5"></td></tr>
<tr><td>培训时间</td><td colspan="5"></td></tr>
<tr><td>培训地点</td><td colspan="5"></td></tr>
<tr><td>培训机构</td><td colspan="5"></td></tr>
<tr><td>培训形式</td><td colspan="5"></td></tr>
<tr><td colspan="6">参加人员(签字)</td></tr>
<tr><td>序号</td><td>姓名</td><td>工作部门</td><td>序号</td><td>姓名</td><td>工作部门</td></tr>
<tr><td>1</td><td></td><td></td><td>7</td><td></td><td></td></tr>
<tr><td>2</td><td></td><td></td><td>8</td><td></td><td></td></tr>
<tr><td>3</td><td></td><td></td><td>9</td><td></td><td></td></tr>
<tr><td>4</td><td></td><td></td><td>10</td><td></td><td></td></tr>
<tr><td>5</td><td></td><td></td><td>11</td><td></td><td></td></tr>
<tr><td>6</td><td></td><td></td><td>12</td><td></td><td></td></tr>
<tr><td colspan="6">培训内容:</td></tr>
</table>

记录人:　　　　　　　　　　　　　　　　　　　　年　　月　　日

表 D.4　试验人员培训考核记录

<table>
<tr><td>姓名</td><td colspan="2"></td><td>出生年月</td><td></td></tr>
<tr><td>性别</td><td colspan="2"></td><td>参加工作时间</td><td></td></tr>
<tr><td>现任职务</td><td colspan="4"></td></tr>
<tr><td rowspan="2">最高学历</td><td>毕业时间</td><td>学院名称</td><td>所学专业</td><td>学历(学位)</td></tr>
<tr><td></td><td></td><td></td><td></td></tr>
<tr><td colspan="5">培训记录</td></tr>
<tr><td>时间</td><td>地点</td><td>内容</td><td>证书</td><td>备注</td></tr>
<tr><td></td><td></td><td></td><td></td><td></td></tr>
<tr><td></td><td></td><td></td><td></td><td></td></tr>
<tr><td></td><td></td><td></td><td></td><td></td></tr>
<tr><td></td><td></td><td></td><td></td><td></td></tr>
<tr><td></td><td></td><td></td><td></td><td></td></tr>
<tr><td></td><td></td><td></td><td></td><td></td></tr>
<tr><td colspan="5">考核记录</td></tr>
<tr><td>时间</td><td>地点</td><td>内容</td><td>成绩</td><td>备注</td></tr>
<tr><td></td><td></td><td></td><td></td><td></td></tr>
<tr><td></td><td></td><td></td><td></td><td></td></tr>
<tr><td></td><td></td><td></td><td></td><td></td></tr>
<tr><td></td><td></td><td></td><td></td><td></td></tr>
<tr><td></td><td></td><td></td><td></td><td></td></tr>
<tr><td></td><td></td><td></td><td></td><td></td></tr>
<tr><td></td><td></td><td></td><td></td><td></td></tr>
</table>

表 D.5 试验人员上岗培训操作考核记录表

<table>
<tr><td colspan="2">被考核人员</td><td colspan="2"></td><td>工作部门</td><td></td></tr>
<tr><td colspan="2">考核地点</td><td colspan="2"></td><td>考核日期</td><td></td></tr>
<tr><td colspan="6">操作考核项目及内容</td></tr>
<tr><td colspan="3" rowspan="2">操作考核情况</td><td colspan="3">考核结果</td></tr>
<tr><td>符合</td><td>基本符合</td><td>不符合</td></tr>
<tr><td colspan="3">1. 熟悉有关材料标准试验方法,并按其要求进行操作</td><td></td><td></td><td></td></tr>
<tr><td colspan="3">2. 试验前后对被检样品状态进行检查并记录</td><td></td><td></td><td></td></tr>
<tr><td colspan="3">3. 检测前后对试验仪器设备进行检查(调整),并做记录</td><td></td><td></td><td></td></tr>
<tr><td colspan="3">4. 试验环境条件(温度、湿度等)能保证试验要求,并做记录</td><td></td><td></td><td></td></tr>
<tr><td colspan="3">5. 原始记录清洁整齐,填写规范</td><td></td><td></td><td></td></tr>
<tr><td colspan="3">6. 试验数据处理结果(有效位数、误差的表达方式)符合要求</td><td></td><td></td><td></td></tr>
<tr><td colspan="3">7. 试验结束后打扫仪器设备及操作环境卫生,仪器设备摆放整齐</td><td></td><td></td><td></td></tr>
<tr><td colspan="6">综合评价:</td></tr>
</table>

考核人(签名):

表 D.6 试验室专业技术人员情况汇总表

序号	姓名	性别	出生年月	学历	专业	岗位	职称	身份证号码	岗位证书编号	从事检验工作项目	从事工作年限	社会保障号

附录 E 仪器设备管理资料表格

表 E.1 试验仪器设备台账

共 页第 页

序号	仪器设备名称	型号	出厂编号	量程、精度	制造厂	购置日期	存放地点	保管人	备注

表 E. 2　生产仪器设备台账

序号	设备名称	型号	数量	制造厂家	购入时间	备注

表 E.3　生产计量装置校准(自校)记录

<table>
<tr><td>生产线编号</td><td colspan="2"></td><td>校准日期</td><td>年　月　日</td></tr>
<tr><td>计量料斗名称</td><td colspan="2"></td><td>最大计量值</td><td>kg</td></tr>
<tr><td colspan="5">校准结果</td></tr>
<tr><td>加荷百分比/%</td><td>加荷值/kg</td><td>显示值/kg</td><td>误差值/kg</td><td>误差/%</td></tr>
<tr><td>0</td><td></td><td></td><td></td><td></td></tr>
<tr><td>20</td><td></td><td></td><td></td><td></td></tr>
<tr><td>40</td><td></td><td></td><td></td><td></td></tr>
<tr><td>60</td><td></td><td></td><td></td><td></td></tr>
<tr><td>80</td><td></td><td></td><td></td><td></td></tr>
<tr><td>100</td><td></td><td></td><td></td><td></td></tr>
<tr><td>80</td><td></td><td></td><td></td><td></td></tr>
<tr><td>60</td><td></td><td></td><td></td><td></td></tr>
<tr><td>40</td><td></td><td></td><td></td><td></td></tr>
<tr><td>20</td><td></td><td></td><td></td><td></td></tr>
<tr><td>0</td><td></td><td></td><td></td><td></td></tr>
<tr><td colspan="5">校准意见和结论：</td></tr>
</table>

记录人：　　　　　　　　　负责人：

表 E.4　仪器设备使用运转记录

仪器名称							设备编号	
规格型号							出厂编号	
主要技术指标							使用部门	
主要用途								
使用情况								
起			仪器情况	止			仪器情况	使用人
月	日	时		月	日	时		

表 E.5　仪器设备维护、保养记录

<table>
<tr><td>仪器名称</td><td></td><td>设备编号</td><td></td></tr>
<tr><td>规格型号</td><td></td><td>出厂编号</td><td></td></tr>
<tr><td>主要技术指标</td><td></td><td>使用部门</td><td></td></tr>
<tr><td>主要用途</td><td colspan="3"></td></tr>
<tr><td colspan="4">维护、保养记录</td></tr>
<tr><td>维护、保养日期</td><td colspan="2">维护、保养情况</td><td>记录人</td></tr>
<tr><td></td><td colspan="2"></td><td></td></tr>
<tr><td></td><td colspan="2"></td><td></td></tr>
<tr><td></td><td colspan="2"></td><td></td></tr>
<tr><td></td><td colspan="2"></td><td></td></tr>
<tr><td></td><td colspan="2"></td><td></td></tr>
<tr><td></td><td colspan="2"></td><td></td></tr>
<tr><td></td><td colspan="2"></td><td></td></tr>
<tr><td></td><td colspan="2"></td><td></td></tr>
<tr><td></td><td colspan="2"></td><td></td></tr>
<tr><td></td><td colspan="2"></td><td></td></tr>
<tr><td></td><td colspan="2"></td><td></td></tr>
<tr><td></td><td colspan="2"></td><td></td></tr>
<tr><td></td><td colspan="2"></td><td></td></tr>
<tr><td></td><td colspan="2"></td><td></td></tr>
<tr><td></td><td colspan="2"></td><td></td></tr>
<tr><td></td><td colspan="2"></td><td></td></tr>
<tr><td></td><td colspan="2"></td><td></td></tr>
</table>

表 E.6　仪器设备故障维修记录

<table>
<tr><td>仪器名称</td><td colspan="2"></td><td>设备编号</td><td></td></tr>
<tr><td>规格型号</td><td colspan="2"></td><td>出厂编号</td><td></td></tr>
<tr><td>主要技术指标</td><td colspan="2"></td><td>使用部门</td><td></td></tr>
<tr><td>主要用途</td><td colspan="4"></td></tr>
<tr><td colspan="5">故障维修记录</td></tr>
<tr><td>维修日期</td><td>发生故障原因</td><td colspan="2">维修情况</td><td>记录人</td></tr>
<tr><td></td><td></td><td colspan="2"></td><td></td></tr>
</table>

表 E.7　仪器设备检定/校准结果确认表

序号	仪器设备名称	型号	出厂编号	技术指标		最近检定/校准日期	检定/校准证书号	检定/校准情况	是否满足试验参数精度要求	确认人
				测量范围	准确度					

共　　页第　　页

表 E.8　计量器具周期检定/校准一览表

共　页第　页

序号	仪器设备名称	型号	出厂编号	检定/校准周期	检定/校准单位	检定/校准证书号	最近检定/校准日期	下次检定/校准日期	保管人

附录 F 生产管理资料表格

表 F.1 预拌混凝土供货通知单

<table>
<tr><td>需方</td><td colspan="2"></td><td>编号</td><td></td></tr>
<tr><td>工程名称</td><td colspan="2"></td><td>浇筑方法</td><td></td></tr>
<tr><td>交货地点</td><td colspan="2"></td><td>到货时间</td><td></td></tr>
<tr><td colspan="5">混凝土浇筑部位及性能要求</td></tr>
<tr><td>序号</td><td>结构部位</td><td>强度等级</td><td>供货数量</td><td>坍落度要求</td></tr>
<tr><td>1</td><td></td><td></td><td></td><td></td></tr>
<tr><td>2</td><td></td><td></td><td></td><td></td></tr>
<tr><td>3</td><td></td><td></td><td></td><td></td></tr>
<tr><td>4</td><td></td><td></td><td></td><td></td></tr>
<tr><td colspan="2">需方</td><td colspan="3">供方</td></tr>
<tr><td colspan="2">填表人:</td><td colspan="3">接收人:</td></tr>
<tr><td colspan="2">联系人:</td><td colspan="3">联系人:</td></tr>
<tr><td colspan="2">联系电话:</td><td colspan="3">联系电话:</td></tr>
<tr><td colspan="2">填表日期:　　　　年　月　日</td><td colspan="3">接收日期:　　　　年　月　日</td></tr>
<tr><td colspan="5">备注:</td></tr>
</table>

表 F.2　预拌混凝土生产任务通知单

供货通知单编号：

需方		本通知单编号	
工程名称		浇筑方法	
交货地点		到货时间	

混凝土浇筑部位及性能要求				
序号	结构部位	设计等级	供货数量	坍落度要求
1				
2				
3				
4				
需方联系人及电话：				
备注：				

接收人姓名	工作部门	签收时间
	生产部	年　月　日
	试验室	年　月　日
	售后服务部	年　月　日
		年　月　日

下达人：　　　　批准人：　　　　　　　日期：　年　月　日

表 F.3　混凝土搅拌罐车运输记录

施工单位	工程名称及结构部位	车号	本车数量/m^3	出厂时间	到现场时间	卸完时间	回厂时间	记录人	备注

注:本文件附录表格中凡不注日期的引用文件,其最新版本适用于本文件,且在使用过程中须注明年号。

本标准用词说明

1 为了便于在执行本标准条文时区别对待，对要求严格程度不同的用词说明如下：

1）表示很严格，非这样做不可的用词：

正面词采用“必须”，反面词采用“严禁”。

2）表示严格，在正常情况下均应这样做的词：

正面词采用“应”，反面词采用“不应”或“不得”。

3）表示允许稍有选择，在条件允许时首先这样做的词：

正面词采用“宜”，反面词采用“不宜”。

4）表示有选择，在一定条件下可以这样做的，采用“可”。

2 条文中指明应按其他有关标准、规范执行时，写法为：“应符合……的规定”或“应按……执行”。

引用标准名录

1 《混凝土结构通用规范》GB 55008
2 《通用硅酸盐水泥》GB 175
3 《混凝土外加剂》GB 8076
4 《混凝土外加剂应用技术规范》GB 50119
5 《混凝土质量控制标准》GB 50164
6 《混凝土结构工程施工质量验收规范》GB 50204
7 《房屋建筑和市政基础设施工程质量检测技术管理规范》GB 50618
8 《混凝土结构工程施工规范》GB 50666
9 《预拌混凝土》GB/T 14902
10 《用于水泥和混凝土中的粉煤灰》GB/T 1596
11 《建筑施工机械与设备　混凝土搅拌机》GB/T 9142
12 《建筑施工机械与设备　混凝土搅拌站(楼)》GB/T 10171
13 《混凝土泵》GB/T 13333
14 《用于水泥、砂浆和混凝土中的粒化高炉矿渣粉》GB/T 18046
15 《混凝土膨胀剂》GB/T 23439
16 《混凝土和砂浆用再生细骨料》GB/T 25176
17 《混凝土用再生粗骨料》GB/T 25177
18 《混凝土搅拌运输车》GB/T 26408
19 《混凝土强度检验评定标准》GB/T 50107
20 《混凝土结构耐久性设计标准》GB/T 50476
21 《普通混凝土用砂、石质量及检验方法标准》JGJ 52
22 《普通混凝土配合比设计规程》JGJ 55
23 《混凝土用水标准》JGJ 63
24 《建筑工程检测试验技术管理规范》JGJ 190

25 《混凝土泵送施工技术规程》JGJ/T 10
26 《建筑工程冬期施工规程》JGJ/T 104
27 《补偿收缩混凝土应用技术规程》JGJ/T 178
28 《建筑材料术语标准》JGJ/T 191
29 《混凝土防冻剂》JC 475
30 《预拌混凝土和预拌砂浆厂(站)建设技术规程》DBJ41/T 165

河南省工程建设标准

河南省预拌混凝土质量管理标准

Standard for quality management of ready-mixed concrete in Henan province

DBJ41/T 287-2024

条 文 说 明

目　次

1 总　则

1.0.1 本条说明了本标准的编制目的。为了确保本标准的科学性、先进性和实用性,更好地指导预拌混凝土企业对质量控制和绿色生产的重视,本标准在编制过程中充分考虑了预拌混凝土生产及浇筑成型过程中质量控制的环节,从质量体系的建立到各质量控制措施的实施进行了详尽的规定,以期与国家和行业的发展相适应。

1.0.2 本条规定了本标准的应用范围。本标准适用于河南省房屋建筑和市政基础设施工程领域预拌混凝土生产和应用过程中的质量管理。

1.0.3 本条规定了本标准与其他国家、行业和河南省现行有关标准的关系。

2 术　语

本章提出与本标准内容相关的部分术语，便于标准使用者理解。术语的解释参照《建筑材料术语标准》JGJ/T 191 和相关文献。

3 基本规定

3.0.1 生产企业的管理水平是实现混凝土质量管理的关键。生产企业往往对技术和混凝土质量的关注较多,而对质量管理体系的建立不够重视,这是行业的现状和不足。因为产品的质量不能仅仅依靠企业管理者自身的素质和水平,稳定的质量输出靠的是建立完善的质量管理体系。即使是有资质或者已经在正常生产的预拌混凝土企业,也只有将质量管理体系建立起来并不断完善,将质量管理的各项要求落实在实际的生产过程中,混凝土的质量才能得到保证。质量管理体系相关要求均应制定相应的文件,做好宣贯并有效实施。

3.0.2 预拌混凝土的生产有一定的技术要求,只有经过培训具备足够技术能力的人员才能胜任。

3.0.3 生产企业的技术能力和工作效率应与预拌混凝土的生产能力相适应,对预拌混凝土专项试验的试验设备、试验人员的文件要求,是开展试验工作的最低要求,当生产方量较大时,应增设试验设备和试验人员以满足工作要求。

4　生产企业质量管理体系

4.1　一般规定

4.1.1　质量管理体系的建立须首先制定并颁布相应的质量管理体系文件。质量管理体系文件颁布后要切实地付诸实施,这就要对文件宣贯、学习,使每一个岗位人员都对体系文件了解并能在实际工作中具体执行。

4.1.2　生产企业应有自己的质量方针、质量目标,这是质量管理体系是否有效运行的评价依据。

4.1.3　质量管理体系应包括质量管理体系文件、质量管理体系文件的控制、人员、环境设施与设备、合同评审、采购管理、记录控制、生产过程管理、客户沟通、供货与交货、数据信息管理、内部审核和管理评审等。管理体系文件应覆盖企业质量运行的全过程,并和企业自身的工作特点相适应。质量管理体系文件应包括质量手册、程序文件、作业指导书及记录表格。质量管理系的建立和运行应与质量方针相适应并有利于质量目标的实现。

4.2　组织机构

4.2.1　生产企业应明确其内部组织构成,并宜通过组织结构图来表述。技术管理是生产企业的工作主线,质量管理是技术管理的保证,行政管理是技术管理资源的保障。

4.2.2　生产企业应明确影响质量管理体系预期结果的内、外部因素,并对这些因素进行监视和评审。生产企业应明确质量管理体系的边界和适用性,应涵盖预拌混凝土生产的所有环节。生产企业可设置专项试验室、材料部、生产运输部、企业管理办公室、财务部、销售部等质量管理部门。

系统指的是整个管理系统,包括行政管理系统、技术管理系统和质量管理系统。支持服务指的是通过管理系统保障工作的有效运行,一般情况下主要通过行政管理系统来实现;行政管理是指生产企业的法律地位的维持,法律责任的承担,机构的设置,生产活动的开展,人员的责任、权利和相互关系的明确,管理体系完整性的保持,客户和相关方要求的沟通等。

4.3 人 员

4.3.1 生产企业应与其人员建立劳动或录用关系,并对技术人员和管理人员的岗位职责、任职要求和工作关系予以明确,使其与岗位要求相匹配,并有相应权力和资源,确保管理体系建立、实施、保持和持续改进。技术人员和管理人员的结构和数量、受教育程度、理论基础、技术背景和经历、实际操作能力、职业素养等应满足工作类型、工作范围和工作量的需要。

4.3.2 生产企业可根据本企业的实际工作需要,设置如下工作岗位:

1 质量负责人、技术负责人;

2 专项试验室主任、试验员、资料员、质检员、现场交货员等;

3 材料部负责人、收料员、司磅员、采购员等;

4 生产运输部负责人、主机操作员、调度员、运输司机、机械修理工等;

5 企业管理办公室主任;

6 内审员。

4.4 场所、设施与设备

4.4.1~4.4.3 生产企业应具有满足生产所需要的工作场所,并依据标准、技术规范和程序,识别管理、生产及试验所需要的环境条件,并对环境条件进行控制。

4.4.4 生产企业应将其场所、环境要求纳入管理体系文件，并满足相关法律法规、标准或技术规范的要求。

4.5 质量管理体系运行

4.5.1、4.5.2 鉴于各企业的特点，本部分只规定了必不可少的质量管理程序。

质量管理体系文件的编制应符合现行国家标准对质量管理的要求并和企业实际情况相适应。必要时，生产企业质量管理体系应通过第三方认证。

质量管理体系的运行应全面、有效。

生产企业质量管理手册应由企业负责人或质量负责人组织编写。为保障质量管理手册所规定的各项要求能有效落实，应制定相应程序文件、作业指导书、记录表格等支持性文件，所有质量管理体系文件及表格应实现受控。

4.5.3 质量体系运行过程中产生的文件、记录、报告等资料应有效保存，保存期按相关规定执行。

5 试验管理

5.1 一般规定

5.1.1 本条规定的目的旨在强调生产企业应具备基本的试验测试及问题分析能力，并能为预拌混凝土质量的控制提供切实的技术支持。

5.1.2 生产企业应对试验的样品抽取与试样制备、试验操作、环境控制、设备运行、测试记录书写及报告出具等全过程进行监督。

5.1.4 设备启用时，不能仅看校准证书，要对校准结果进行确认，切实满足试验要求时方可投入使用；新增检测项目时，应对试验环境、设备、人员能力进行确认；人员技能方面，不能仅依据上岗证，还需要对其能力进行确认。

5.1.5 完善的台账，可实现企业质量管理体系追溯性，也可在长时期规避自身的风险。

5.2 试验人员

5.2.1、5.2.2 本部分旨在强调试验人员是试验工作的基本技术能力要素之一，没有符合要求的技术人员，就做不好相应的试验工作。所以，要求检测机构按照所开展的试验项目配备相应数量、符合技术能力要求的试验人员。

5.3 试验设备

5.3.1 本条强调试验设备是试验工作的基本技术能力要素之一，没有符合要求的试验设备，就做不好试验工作。所以，规定生产企业应根据所开展的试验项目范围，配备相应的，符合规范要求性能的，必要数量的，相应规格、品种及精度的试验设备及相应辅助工具及试验耗材，来满足试验工作的开展。同时，试验设备要经常保持其在有效期内及良好状态，试验的数据才有科学性、规范性和可比性，才能正确反映工程的质量状况。试验设备种类、数量应与企业生产能力相适应。

5.3.2 目前，国家对试验设备有检定、校准、检测或测试的要求。检定主要是针对精密计量器具。工程试验设备绝大多数是校准、检测或测试级别的，所以没有列出检定档次，如有的专项试验室有精密计量器具，应按规定进行检定。

5.3.3 对试验结果的有效性及试验过程的可追溯性有影响的设备应填写设备使用记录，设备使用记录应包含起始时间、使用人、运行状态及试验编号等信息。

5.4 试验场所与环境

5.4.1 本条规定试验场所也是保证试验工作正常开展的必要的基本技术能力之一，包括房屋、场地条件等，而且房屋、工作场地还要满足试验设备合理布局及试验工作流程的要求，才能保证试验数据的正确。

5.4.2 本条规定了试验工作场所的环境条件要求，保证满足试验工作正常开展，以免对试验结果造成影响；在试验过程中记录环境条件，证明试验结果的正确、规范。试验工作场所的设施、面积、清洁、采光、通风、温度、湿度、能源等均应满足试验任务及国家标准的要求，保证周围环境、粉尘、振动、电磁辐射等均不影响试验工作。

5.5 样品管理

5.5.2 混凝土取样不易过少，太少则容易出现离散性过大的现象。

5.5.3 本条规定了取样的标识，要有唯一性。制备的试件除符合取样制备规定外,还应将试件的制作日期,代表工程部位、组的编号,以及设计要求等信息标在试件上,不得产生异议,并保证在养护、试验的流转过程中,不得脱落、变得模糊不清等。

5.6 试验操作

5.6.1 本条中相应配置是指辅助器具及耗材。

5.6.3 试验工作完成后的后续工作,包括试验报告自动生成或手工生成的工作内容。有试验报告、试验数据的整理、试验设备的使用记录、试验环境记录,并做好试验设备清洁保养、试验环境的清洁工作。

5.7 试验记录

5.7.1 本条规定了试验原始记录应包含的基本信息内容。

5.7.2 本条对原始记录的书写和修改做了规定。手动填写原始记录或仪器设备自动打印原始记录,均应满足长期保存的需要。原始记录更正用杠改,在原数据、文字处画杠,画杠后原数据等应清晰可见,并在杠改处旁边写上改后的数字、文字。应由原记录人签名或加盖原记录人印章,这样做便于追查。

5.8 试验报告

5.8.1 及时出具试验报告是专项试验室的基本职能,必须保障。

5.8.2 本条规定试验报告应按规定编号,按年度、工程项目连续编号,每年中不得空号、重号,不得有改动等。试验报告应有三级签字并加盖试验室印章。

5.9 试验台账

5.9.1~5.9.3 试验台账的建立,是为了专项试验室及时方便对数据进行统计与分析,同时便于主管部门监督管理。

5.10　试验结果质量控制

5.10.1　生产企业可采用使用标准物质或经过检定与校准的具有溯源性的替代仪器、对设备的功能进行检查、运用工作标准与控制图、使用相同或不同方法进行重复检验检测、保存样品的再次检验检测、分析样品不同结果的相关性、对报告数据进行审核、参加能力验证或机构之间比对、机构内部比对、盲样检测等进行试验结果质量控制。

5.10.2　专项试验室每年应开展不少于两次的人员、设备或方法间的内部比对,不少于一次的专项试验室间能力验证的外部比对。

6 原材料管理

6.1 一般规定

6.1.1 混凝土原材料从采购、进场、储存、使用、处理都需要进行严格的管理，建立健全的原材料管理制度，有助于原材料的质量控制，做到正确使用、资源节约。

6.1.2 混凝土原材料的种类较多，同种材料的性能也有一定差异，应根据实际工程的要求选用。

6.1.3 原材料进场验收制度的建立是实现混凝土质量可追溯性的基础。

6.1.4 原材料设有明显标识，易于识别和管理。同种原材料由于产地、等级、规格等不同，性能有所差异，不能混仓，否则会影响混凝土质量，严重时会造成工程质量事故，故标识上应注明尽可能详细的信息。

6.2 水 泥

6.2.1 当前预拌混凝土一般采用普通硅酸盐水泥，但是除通用硅酸盐水泥外，还有硫铝酸盐水泥、铝酸盐水泥、白色水泥、彩色水泥等特种水泥，用于预拌混凝土时其性能要满足相关产品标准的要求。

6.2.2 水泥品种与强度等级的选用应根据设计、施工要求以及工程所处环境确定。对于一般建筑结构及预制构件的普通混凝土，宜采用通用硅酸盐水泥；高强混凝土和有抗冻要求的混凝土宜采用硅酸盐水泥或普通硅酸盐水泥；有预防混凝土碱-骨料反应要求的混凝土工程宜采用碱含量低于 0.6% 的水泥；大体积混凝土宜采用中、低热硅酸盐水泥或低热矿渣硅酸盐水泥。水泥应符合

《通用硅酸盐水泥》GB 175 和《中热硅酸盐水泥、低热硅酸盐水泥》GB/T 200、《道路硅酸盐水泥》GB/T 13693 的有关规定。

水泥中的混合材种类较多,不同种类的混合材及掺量对混凝土的抗渗性能和抗冻融性能均会产生不同程度的影响,对于有抗渗和抗冻融要求的混凝土,宜选用硅酸盐水泥和普通硅酸盐水泥,并根据抗渗和抗冻融要求的级别不同,经试验确定适宜掺量的矿物掺合料,避免由于盲目选择水泥而带来混凝土耐久性的下降。

目前,水泥的比表面积有越来越大的趋势,对预拌混凝土性能的不利影响越来越明显,因此限制水泥比表面积能够更好地满足预拌混凝土性能的要求。

6.2.3 在水泥的存放过程中,受外界因素影响,水泥的质量可能发生变化,故应定期对水泥进行复试,并按照复试结果及时调整生产,以确保混凝土质量的稳定。

6.2.4 本条给出了水泥质量的主要控制项目的依据和来源。

当前预拌混凝土质量管理有国家标准《预拌混凝土》GB/T 14902,其中对原材料的进场检验项目均有规定,为避免在今后标准修订过程中《预拌混凝土》GB/T 14902 所引用标准有变化,给本标准的使用带来不便,故规定原材料进场检验项目均引用《预拌混凝土》GB/T 14902。下文的预拌混凝土原材料的进场检验项目均遵循该原则。

6.3 细骨料

6.3.2 河南省有大量特细砂资源,目前特细砂与人工砂混合使用效果较好,但如果单独采用作为细骨料配制结构混凝土,混凝土收缩趋势较大,工程质量控制难度较大;特细砂和颗粒较大的机制砂进行复配可以取得良好的效果。

6.3.4 《混凝土和砂浆用再生细骨料》GB/T 25176 规定了混凝土用再生细骨料的术语和定义、分类和规格、要求、试验方法、检验规则、标志、储存和运输等技术内容,满足该标准的再生细骨料可以用于配制预拌混凝土。

6.4 粗骨料

6.4.1 《普通混凝土用砂、石质量及检验方法标准》JGJ 52 的内容不仅包括骨料一般质量及检验方法,还包括了不同混凝土强度等级和耐久性条件下对骨料的要求。

6.4.4 《混凝土用再生粗骨料》GB/T 25177 规定了混凝土用再生粗骨料的术语和定义、分类和规格、要求、试验方法、检验规则、标志、储存和运输等技术内容,满足该标准的再生粗骨料可以用于配制预拌混凝土。

6.5 矿物掺合料

6.5.1、6.5.2 粉煤灰、粒化高炉矿渣粉、硅灰、钢渣粉、磷渣粉等矿物掺合料为活性粉体材料,掺入混凝土中能改善混凝土性能和降低成本,这些矿物掺合料应符合相应国家现行标准的要求。

《高强高性能混凝土用矿物外加剂》GB/T 18736 规定了高强高性能混凝土用矿物外加剂的术语和定义、分类和标记要求、试验方法、检验规则、包装、标志、运输及储存等技术内容;满足该标准的磨细矿渣、粉煤灰、磨细天然沸石、硅灰和偏高岭土及其复合的矿物外加剂可用于预拌混凝土的生产。

6.5.3 硅酸盐水泥和普通硅酸盐水泥中混合材掺量相对较少,有利于掺加矿物掺合料,其他通用硅酸盐水泥中混合材掺量较多,再掺加矿物掺合料易于过量。矿物掺合料品种多,质量差异比较大,掺量范围较宽,用于混凝土时只有经过试验验证,才能实施混凝土质量的控制。采用适宜质量等级的矿物掺合料,有利于控制对性能有特殊要求的混凝土质量。

6.5.4 矿物掺合料的主要控制项目是混凝土工程中质量检验的

主要项目,目前在实际工程中实施情况逐步规范。其他项目可在选择矿物掺合料时检验,工程质量控制可以出厂检验为依据。预拌混凝土专项试验室具备检测能力的应在其试验室完成,不具备检测能力的项目可按照有关规定委托第三方检测机构进行。矿物掺合料的主控项目还应包括材料的放射性。

6.6 外加剂

6.6.1 本条列举了我国现阶段现行有效的混凝土外加剂的主要标准。

6.6.2 《混凝土外加剂应用技术规范》GB 50119 规定了不同种类外加剂的应用技术要求。外加剂品种多,质量差异比较大,掺量范围较宽,用于混凝土时只有经过试验验证,才能实施混凝土质量的控制。外加剂与其他混凝土原材料存在相容性问题,如果相容性不好,外加剂的作用很难发挥,甚至可能对混凝土质量起到负面作用。因此,使用前应进行原材料相容性试验,使外加剂能真正发挥应有的作用。

6.6.3 外加剂的主要控制项目是混凝土工程中质量检验的主要项目,其他项目可在选择外加剂时检验,工程质量控制可以出厂检验为依据。预拌混凝土专项试验室具备检测能力的应在其试验室完成,不具备检测能力的项目可按照有关规定委托第三方检测机构进行。

6.6.4 引气剂直接复配于外加剂中不便于控制引气剂的掺量,使混凝土含气量的波动较大,独立添加引气剂能更好地控制混凝土的含气量。

6.7 水

6.7.1 混凝土用水包括拌合用水和养护用水。《混凝土用水标准》JGJ 63 包括了对各种水用于混凝土的规定。

6.7.2 预拌混凝土专项试验室应具备检测混凝土用水的能力，不具备检测能力的项目可按照有关规定委托第三方检测机构进行。

6.7.3、6.7.4 回收水是指混凝土搅拌站内冲罐、洗罐用水经沉淀、过滤、回收后再次加以利用的水。从节约水资源的角度出发，鼓励回收水再利用，但回收水中的水泥、外加剂等残留物可能影响预拌混凝土的性能，因此须经试验后方可确定能否使用。

7　混凝土性能要求

7.1　分类与性能等级

7.1.1　本条规定了预拌混凝土的分类。

7.1.2　本条对预拌混凝土的各项性能等级做了详细划分，明确了混凝土强度等级，混凝土拌合物的坍落度、扩展度性能等级，混凝土耐久性和长期性能中抗冻性、抗水渗透能力、抗硫酸盐侵蚀性能、抗氯离子渗透性能、抗碳化性能等级的设置。所有性能等级的设置和国家现行标准协调一致。

7.2　拌合物性能

7.2.1　混凝土设计和施工都会提出对坍落度等混凝土拌合物性能的要求，如果混凝土拌合物出了问题，则硬化混凝土质量无法保证，因此混凝土拌合物性能是混凝土质量控制的重点之一。《普通混凝土拌合物性能试验方法标准》GB/T 50080 未规定坍落度经时损失试验方法，如需要采用坍落度经时损失表征混凝土拌合物质量，试验方法应符合《混凝土质量控制标准》GB 50164 附录 A 的规定。

7.2.2　本条对混凝土拌合物的坍落度、扩展度进行了规定，并对预拌混凝土特制品及自密实混凝土的性能做了规定。鉴于预拌混凝土的施工方式绝大多数采用泵送方式，其坍落度均比较大，故仅对坍落度大于 50 mm 的控制目标值进行规定。

7.2.3　混凝土在浇筑之前应保持良好的状态，出现离析、严重泌水及临近初凝的混凝土严禁继续浇筑成型。

7.2.4　按环境条件影响将混凝土氯离子含量简明地分为四类，并规定了各类环境条件下的混凝土中氯离子最大含量。本条规定与

《混凝土结构设计规范》GB 50010 及《混凝土质量控制标准》GB 50164 是协调的。混凝土拌合物中水溶性氯离子含量测定方法可以按照其他准确度更好的方法进行测定。

7.2.5 本条规定是针对一般环境条件下混凝土而言的。对处于潮湿或水位变动的寒冷和严寒环境以及盐冻环境的混凝土可高于《混凝土质量控制标准》GB 50164 的规定,但最大含气量宜控制在7.0%以内。

7.3 力学性能

7.3.1 混凝土的力学性能主要包括抗压强度、轴压强度、弹性模量、劈裂抗拉强度和抗折强度等。

7.3.2 立方体抗压强度标准值是指按标准方法制作和养护的边长为 150 mm 的立方体试件在 28 d 龄期用标准试验方法测得的具有 95%保证率的抗压强度值(以 MPa 计)。

7.3.3 《混凝土强度检验评定标准》GB/T 50107 规定了混凝土取样、试件的制作与养护、试验、混凝土强度检验与评定,各建设行业所采用混凝土抗压强度检验评定应符合《混凝土强度检验评定标准》GB/T 50107 的有关规定,并应合格。

依据《混凝土结构工程施工质量验收规范》GB 50204 的要求,混凝土强度分批检验评定应符合《混凝土强度检验评定标准》GB/T 50107 的规定。所以,用于混凝土结构工程的预拌混凝土合格与否,不是看某一组试件、某一构件的混凝土强度大于设计强度等级的标准值,而是应采用《混凝土强度检验评定标准》GB/T 50107 中适用的评定方法进行评定,以评定结果判定某检验批的混凝土是否合格。

对于《混凝土强度检验评定标准》GB/T 50107 中评定方法的选用及检验批的划分,生产企业和施工单位应分别依据现行国家标准进行选定。施工单位在评定混凝土强度时划分的检验批应区分于施工管理所划分的检验批，如工程验收，应注意混凝土施工检验批和检验评定批的区别。通常混凝土施工检验批是指按混凝土强度、工作班、楼层、结构缝或施工段进行划分的，其主要意义在于注重施工过程控制；而一个检验评定批的混凝土则应由强度等级相同、试验龄期相同、生产工艺条件和配合比基本相同的混凝土组成，实际上可能比施工检验批的量要大。

7.4 长期性能和耐久性能

7.4.1 混凝土质量控制不仅仅对混凝土拌合物性能和力学性能进行控制，还应包括对混凝土长期性能和耐久性能的控制，以往对混凝土长期性能和耐久性能控制重视不够。本标准中的长期性能包括收缩和徐变。混凝土长期性能和耐久性能控制以满足设计要求为目标。

7.4.3 《混凝土耐久性检验评定标准》JGJ/T 193 包括了混凝土抗冻性能、抗水渗透性能、抗硫酸盐侵蚀性能、抗氯离子渗透性能、抗碳化性能和早期抗裂性能的检验评定。

8 配合比设计与使用

8.1 一般规定

8.1.1 本条阐述混凝土配合比设计的基本依据及原则，混凝土配合比设计不仅应满足配制强度要求，还应满足施工性能和耐久性能的要求。

8.2 配合比设计

8.2.1 轻骨料混凝土配合比设计应按《轻骨料混凝土应用技术标准》JGJ/T 12 执行；纤维混凝土配合比设计应按《纤维混凝土应用技术规程》JGJ/T 221 执行；重晶石混凝土配合比设计应按《重晶石防辐射混凝土应用技术规范》GB/T 50557 执行；其他性能混凝土应按相应标准执行。

8.2.2 预拌混凝土系列配合比设计应遵循下列方法、原则：

1 同一个系列试配用原材料应相同；

2 配合比的用水量、砂率、矿物掺合料掺量、外加剂掺量及含气量等设计参数基本相同或按一定规律变化；

3 试配水胶比的数量应为三个或三个以上，且间隔不宜超过 0.05；

4 根据试配结果绘制强度-水胶比线性关系图，或确定强度-水胶比线性回归方程，回归方程的线性相关系数不宜小于 0.85；

5 按照配制强度及生产和使用要求，在试配水胶比范围内，确定多个性能接近、相邻强度等级的配合比。

8.2.3 生产管理水平和强度统计结果可以反映出生产企业的质量控制水平，控制水平低时要求混凝土的配制强度高，控制水平高时则混凝土的配制强度可以适当降低。

8.2.4 混凝土配合比试验应对混凝土的工作性能、力学性能及耐久性能进行验证。

8.3 配合比使用

8.3.1 用于生产使用的配合比必须经技术负责人书面批准,标明使用的起始日期,并加盖试验室印章,方可作为有效配合比发放使用。

8.3.2 配合比的使用均须经技术负责人批准,配合比应用包括启用、调整、生产配合比通知等。

9 设备管理

9.1 一般规定

9.1.1 企业应建立仪器设备清单，并进行分类，对搅拌机、计量秤、压力试验机、养护设施等主要设备建立管理档案。档案内容应包括设备说明书、计量校准/检定记录、维修保养记录等。企业不仅指混凝土生产单位，还包括混凝土施工单位。设备档案中应存放该设备仪器的图纸、说明书、合格证、历年检定或校准证书、操作规程、自校记录及维修保养记录资料等。

9.1.2 对设备的使用和管理运行提出基本要求。

9.2 混凝土生产设备

9.2.2 预拌混凝土生产采用的计算机控制系统应具备以下功能：

1 仓门开、关量在线监测；

2 软件调零；

3 辅助校秤；

4 生产状况动态模拟显示，数据实时显示；

5 称量动态自动补秤；

6 称量提前量自动修正；

7 投料顺序可根据需要调整；

8 搅拌时间可根据需要调整；

9 生产数据实时存储，并适宜长期保存；

10 可查询至少一个月内生产数据。

9.2.3 混凝土搅拌计量系统采用计算机控制是现代预拌混凝土生产质量控制的基本要求。

9.3 混凝土运输车

9.3.2 混凝土搅拌运输车安装卫星定位系统,便于站内相关人员及时了解混凝土运输和现场混凝土浇筑质量情况。

9.3.3 运输车罐内外黏结的残留混凝土如果不及时清理,硬化后将很难清除,影响运输车美观和罐体正常运转。

9.4 泵送设备

9.4.1 对泵送设备提出基本要求。

9.4.2 混凝土输送管最小内径应符合表 9.4.2 中的规定,可有效规避堵管等泵送问题。

表 9.4.2 混凝土输送管最小内径要求

粗骨料最大粒径/mm	输送管最小内径/mm
25	125
40	150

10 生产管理

10.1 一般要求

10.1.1 信息管理系统是以计算机为工具,可以收集、存储、分析和处理生产和试验数据,帮助管理人员进行生产调度、质量分析、市场预测等工作的系统,对提高生产企业的管理水平有非常重要的作用。

10.1.2 本条对实际生产配合比及所用原材料应与配合比设计一致做了具体规定。某一预拌混凝土性能等级的配合比,预拌混凝土企业可能会有不止一套配合比设计数据,试验室主任或技术负责人下达配合比通知单时所选定的配合比是符合实际需要的,所以实际生产的配合比一定要与配合比设计一致;为了保障生产和适应多元化市场需求,预拌混凝土企业所采用的原材料是多样的,可能会有不同厂家、不同规格等级、不同性能的原材料,实际生产采用的原材料应与配合比设计一致。

10.1.3 砂、石含水率的波动对混凝土的用水量控制有较大影响,因此混凝土生产时要经常对砂、石含水率进行抽测,当遇到雨雪天或空气湿度较大等情况时,砂、石含水率的波动较大,应增加抽测频次,根据测定结果及时调整用水量,保证混凝土的水胶比在规定的范围内。随着设备发展进步,有的站点装配有骨料自动含水率测定装置替代人工检测,但应定期对骨料自动含水率测定装置进行校准。

10.1.5 预拌混凝土生产及使用过程中产生的废料不能随意丢弃,应采取相应的处理措施,保护环境,节约资源。被退回的混凝土应合理利用,不能随意倾倒、丢弃。

10.3 搅　拌

10.3.1 同一盘混凝土的搅拌匀质性应符合《混凝土质量控制标准》GB 50164 的规定。

10.3.2 预拌混凝土的搅拌时间与生产条件、生产工艺、搅拌设备、混凝土种类等多种因素有关，足够的搅拌时间可保证混凝土各种原材料充分混合。引气剂、膨胀剂、聚羧酸系外加剂或纤维等材料用于混凝土时，由于掺加量较少，需要延长搅拌时间使其混合均匀，以便更好地发挥其作用。C60（含）以上强度等级的混凝土由于水胶比较低，混凝土黏度大，需要延长搅拌时间才能使其搅拌均匀。

10.3.3 本条对冬期生产、施工的温度以及投料顺序提出要求。搅拌时应先投入骨料和热水进行搅拌，然后再投入胶凝材料等共同搅拌。当拌合用水和骨料加热时，拌合用水和骨料的加热温度不应超过表 10.3.3 的规定；当骨料不加热时，拌合用水可加热到 60 ℃以上。应先投入骨料和热水进行搅拌，然后再投入胶凝材料等共同搅拌。

表 10.3.3　拌合用水和骨料的最高加热温度　　单位：℃

采用的水泥品种	拌合用水	骨料
硅酸盐水泥和普通硅酸盐水泥	60	40

10.4 出厂检验

10.4.2~10.4.6 为保证混凝土质量的检验与评定以及工程技术资料的完整性，本部分规定了混凝土的取样频率。

11 供货与交货

11.1 一般规定

预拌混凝土供需双方都不得要求对方承担国家现行标准规定和订货合同约定以外的任何质量责任。

供需双方因预拌混凝土质量评定结果发生争议时，经有仲裁资格的机构进行鉴定，责任方应承担与其责任相对应的责任。

11.4 交货验收

11.4.2 交货检验记录应详细记录检验结果和留样情况，并由需方、工程监理或建设单位授权代表签名确认，归档留存。

交货检验应执行见证取样制度，由工程监理单位或建设单位现场旁站见证拌合物取样、性能检验、试件制作。混凝土拌合物验收合格后需方应在发货单上签字确认。

一方对交货验收结果有异议时，应及时告知对方。

12 浇筑成型与养护

12.1 一般规定

12.1.2 在具体实施中,外观质量缺陷对结构性能和使用功能等的影响程度,应由监理、施工等各方根据其对结构性能和使用功能影响的严重程度共同决定,并满足验收规范的要求。

12.1.3 试件留置是混凝土结构施工检测和试验计划的重要内容。混凝土结构施工过程中,确认混凝土强度等级达到要求应采用标准养护的混凝土试件;混凝土结构构件拆模、脱模、吊装、施加预应力及施工期间负荷时的混凝土强度,应采用同条件养护的混凝土试件。当施工阶段混凝土强度指标要求较低,不适宜用同条件养护试件进行强度测试时,可根据经验判断。

12.1.4 本条规定了预拌混凝土在交货检验合格后的责任归属。本条的规定主要是加强"交货检验"在实际工作中的应用,增强施工单位的责任心,厘清责任界限。

鉴于预拌混凝土作为商品有其特殊性,其交付的产品尚属混凝土的过程形态,在预拌混凝土交货检验合格的前提下,实体混凝土的质量完全依赖施工单位的管理。混凝土养护是水泥水化及混凝土硬化正常发展的重要条件,混凝土养护不好往往会前功尽弃,不能一旦出现混凝土实体质量问题就归结为预拌混凝土的问题;当前我国在法律法规、标准体系建设方面也正逐步完善这一环节。

12.2 浇筑成型

12.2.1 在模板工程完成施工或在垫层上完成相应工序施工后,一般都会留有不同程度的杂物,为了保证混凝土质量,应清除这部分杂物。

12.2.2 为了避免干燥的表面吸附混凝土中水分，而使混凝土性能发生改变，需要在混凝土施工浇筑前洒水湿润。同时金属模板若温度过高，同样会影响混凝土的性能，洒水可以达到降温的目的。现场环境温度是指模板工程施工现场实测的大气温度。

12.2.3 根据《建筑工程冬期施工规程》JGJ/T 104 的规定，当室外日平均气温连续 5 d 稳定低于 5 ℃即进入冬期施工；当室外日平均气温连续 5 d 稳定高于 5 ℃时解除冬期施工。冬期施工时，混凝土拌合物入模温度低于 5 ℃，极容易造成早期冻伤，对后期强度发展不利。夏季施工温度过高容易失水严重，造成早期开裂。

12.2.4 混凝土振捣宜采用机械振捣。当施工无特殊振捣要求时，可采用振捣棒进行捣实，插入间距不应大于振捣棒振动作用半径的 1 倍，连续多层浇筑时，振捣棒应插入下层拌合物约 50 mm 进行振捣；当浇筑厚度不大于 200 mm 的表面积较大的平面结构或构件时，宜采用表面振动成型；当采用干硬性混凝土拌合物浇筑成型混凝土制品时，宜采用振动台或表面加压振动成型。

12.3 养　护

12.3.2 混凝土施工可采用浇水、覆盖保湿、喷涂养护剂、冬季蓄热养护等方法进行养护；混凝土构件或制品厂生产可采用蒸汽养护、湿热养护或潮湿自然养护等方法进行养护。选择的养护方法应满足施工养护方案或生产养护制度的要求。

12.3.3 混凝土在未达到一定强度时，踩踏、堆放荷载、安装模板及支架等易于破坏混凝土内部结构，导致混凝土产生裂缝及影响混凝土后期性能。在实际操作中，混凝土是否达到 1.2 MPa 要求，可根据经验和强度发展规律曲线进行判定。

12.3.4 对于大体积混凝土的养护要密切关注养护温差，温差过大极易造成混凝土开裂。

13 技术资料管理

13.1 一般规定

13.1.1 技术负责人应对技术资料的真实性、完整性负责,应设置专(兼)职档案员岗位。本标准附录给定了常见技术表格的格式,可参照使用。

13.1.3 本条规定技术资料可为纸质文档和电子文档,提倡采用电子文档,其保管期限应与纸质档案一致。

13.1.4 对技术资料档案保管期限现行国家标准有要求,本条所规定的技术资料不仅是生产企业自身的技术资料,还包括纳入工程资料的与预拌混凝土相关的技术资料。

13.1.5 本条为达到保管期限文件的销毁规定,销毁文件要登记造册,技术负责人批准后销毁。

13.2 分类与编号

13.2.1 技术资料可分为以下几类:产品合同管理技术资料、原材料管理技术资料、试验管理技术资料、产品质量管理技术资料、产品交货质量管理技术资料、人员管理技术资料、仪器设备管理技术资料、生产管理技术资料、环保管理技术资料。

13.2.2 技术资料编号

技术资料应采用年度连续编号,原材料试验技术资料可以按材料年度连续编号。

13.3 建档与归档

本节对生产企业生产过程资料的建档、归档提出管理要求。